U0162383

与最聪明的人共同进化

HERE COMES EVERYBODY

湛庐 CHEERS

科学大师书系

宇宙的最后三分钟

The Last Three Minutes

[澳]
保罗·戴维斯 著
Paul Davies

高晓鹰 译

天津出版传媒集团

天津科学技术出版社

上架指导：科普 / 宇宙学

The last three minutes: conjectures about the ultimate fate of the universe / by Paul Davies.
Copyright © 1994 by Paul Davies. Published by BasicBooks,
A Member of the Perseus Books Group
All rights reserved.

天津市版权登记号：图字 02-2020-155 号

图书在版编目（CIP）数据

宇宙的最后三分钟 /（澳）保罗·戴维斯著；高晓鹰译 . -- 天津：天津科学技术出版社，2020.7
书名原文：The Last Three Minutes
ISBN 978-7-5576-8009-1

Ⅰ . ①宇… Ⅱ . ①保… ②高… Ⅲ . ①宇宙学－普及读物 Ⅳ . ① P159-49

中国版本图书馆 CIP 数据核字（2020）第 102596 号

宇宙的最后三分钟
YUZHOU DE ZUIHOU SANFENZHONG
责任编辑：刘　鸫
责任印制：兰　毅

出　　版：天津出版传媒集团
　　　　　天津科学技术出版社

地　　址：天津市西康路 35 号
邮　　编：300051
电　　话：（022）23332377（编辑部）23332393（发行科）
网　　址：www.tjkjcbs.com.cn
发　　行：新华书店经销
印　　刷：天津中印联印务有限公司

开本 880×1230　1/32　印张 7.125　字数 125 000
2020年7月第1版第1次印刷
定价：69.90元

万物有生就有灭

20 世纪 60 年代初，当时还是学生的我就对宇宙的起源产生了浓厚的兴趣。宇宙大爆炸理论始于 20 世纪 20 年代，但直到 20 世纪 50 年代才引起人们的关注。虽然该理论已经众所周知，但还远未令人信服。与之相对的宇宙恒稳态理论完全抛弃了宇宙起源说，在某些领域甚为流行。1965 年，阿诺·彭齐亚斯（Arno Penzias）和罗伯特·威尔逊（Robert Wilson）发现了宇宙微波背景辐射，形势逆转，大爆炸理论开始被更多人接受。毫无疑问，宇宙微波背景辐射是宇宙从炽热而又猛烈的

大爆炸中突然诞生的确凿证据。

至此，宇宙学家开始狂热地研究这一发现的意义。大爆炸发生 100 万年后的宇宙有多热？大爆炸发生 1 年后、1 秒钟后又有多热？最初地狱般的炽热状态中出现过何种物理过程？是否留有宇宙诞生之初的遗物，这些遗物是否还保留着当时的极端环境的印记？

1968 年，我参加了一个有关宇宙学的讲座，至今记忆犹新。在演讲即将结束时，那位教授根据宇宙微波背景辐射的发现评论了大爆炸理论。"基于宇宙大爆炸后最初三分钟发生的核反应过程，有些理论家已经列出了组成宇宙的化学成分。"他笑着对众人说道。所有的观众听后哄堂大笑。似乎，所有对宇宙诞生后最初时刻状态的描述都过于雄心勃勃和荒谬可笑了，即使 7 世纪那个宣称宇宙诞生于公元前 4004 年 10 月 23 日的大主教詹姆斯·乌瑟（James Ussher），也没有胆量列出宇宙最初三分钟所发生的事件的准确顺序。

在发现宇宙微波背景辐射仅仅 10 年之后，宇宙诞生后的最初三分钟的相关理论已在大学里进行讲授，相关教科书也应运而生，这就是科学进步的速度。1977 年，美国物理学家兼宇宙学家史蒂文·温伯格（Steven Weinberg）出版了一本畅销书——《最初三分钟》（*The First Three Minutes*），该书被公认为科普读物的里程碑。作为一位世界知名的理论物理学家，温伯格向公众详细地描述了大爆炸后数秒内所发生的事件的全过程，这着实令人折服。

当公众还沉迷于这些令人兴奋的科学进展时，科学家已经继续向前迈进了。此时，科学家研究的焦点已经从早期宇宙（大爆炸发生后的几分钟）转向了极早期宇宙（大爆炸发生后的一秒钟）。大约 10 年后，英国物理学家斯蒂芬·霍金在他的《时间简史》一书中，无比自信地提出了大爆炸发生后最初一万亿亿亿亿分之一秒内所发生的事件的最新想法。现在看来，1968 年那次演讲结束时观众发出的笑声显得多么无知。

随着大爆炸理论被大众和科学家完全接受，越来越多的人开始思考宇宙的未来。我们已经知道宇宙是如何开始的，那它将如何结束呢？宇宙最终的命运是什么？宇宙真的会以爆炸或逐渐衰败的形式终其一生，或者永久消失吗？那时人类的命运又将如何？人类的后代——无论是机器人还是人类自身，能逃过一劫并就此实现永生吗？

尽管世界末日并不会马上来临，但对这些事情不好奇是不可能的。地球近年来备受人为危机的困扰，当我们不得不思考所在宇宙的尺度时，我们为能在地球上生存下去所做的抗争便显得备受瞩目。《宇宙的最后三分钟》是关于宇宙未来的故事，根据一些著名物理学家和宇宙学家的最新想法，我们在这本书中竭尽所能地对宇宙的未来进行了预测。这些预测并不是宗教式的启示。事实上，鉴于已有的科学研究成果和丰富的经验，宇宙的发展潜力将不可预测。但与此同时，我们也不能忽略另一个事实，万物有生就有灭。

《宇宙的最后三分钟》这本书是为普通读者撰写的，阅读时无须事先掌握科学或者数学知识。不过，有时我需要讨论非常大和非常小的数字，会用到紧凑的数学符号，这样读起来简单易懂，这种符号就是"10 的指数幂"。举例来说，1 000 亿展开来写就是 100 000 000 000，相当麻烦。这个数字的 1 后面有 11 个零，所以我们可以用 10^{11} 来表示它，用文字来描述就是"10 的 11 次方"。同样，100 万为 10^{6}，10 000 亿为 10^{12}，以此类推。然而，当幂指数增加时，这种符号会掩盖这些数字的实际增大程度。比如，10^{12} 是 10^{10} 的 100 倍，前者是一个比后者大得多的数字，但它们看起来相差无几。"10 的负指数幂"也可以用来表示非常小的数字，比如 10 亿分之一，即 1/1000 000 000，可写成 10^{-9}，因为这个分数的分母为 1 后面有 9 个零。

　　此外，我想提醒读者，这本书具有高度的推测性。虽然大多数观点都是基于目前最新的科学进展，但未来学不能跟其他科学研究相提并论。推测宇宙最终命运的诱惑是不可抗拒的，正是本着这种开放的调查精神，我写了这本书。宇宙起源于大爆炸，然后膨胀并冷却到某种物理状态，或灾难性地坍缩的基本设想，在科学上是相当成熟的。我们尚不清楚的是，在巨大的时间尺度上可能发生的主要物理过程。天文学家对普通恒星的总体命运已经有了清晰的认识，对中子星和黑洞的基本性质也有了越来越深刻的理解，但如果宇宙能持续存在数万亿年或更长时间，可能会存在一些微妙的物理作用，我们目前只能猜测其存在的可能性。这些物理作用最终会变得非常重要。

　　既然我们面对的问题源自对自然规律的了解不够深入，那么推演宇宙最终命运的最好方法就是，运用我们现有的最佳理论不断尝试和推断，最终得出合乎逻辑的推论。然而问题是，许多与宇宙命运有重要关系的理论仍有待验证。我所讨论的一些过程，比如引力波①、质子衰变和黑洞辐射，虽然理论家狂热地相信它们的存在，但实际上还没有被观察到。除此之外，肯定还存在一些其他的物理过程，我们目前对此一无所知，但这些过程极有可能会大大改变我在本书中提出的推论。

当我们考虑宇宙中智慧生命可能产生的影响时，这些不确定性就会变得更大，只有进入科幻小说的领域才能更好地展开联想。然而，我们不能忽视这样一个事实：经过数十亿年的时间，生物可能会在更大尺度上显著地改变物理系统的运作方式。因此，我决定将宇宙中的生命纳入本书的主题中，因为对许多读者来说，对宇宙命运的着迷与他们对人类命运及其后代的关注息息相关。不过，我们应该始终记住，科学家远未真正了解人类意识的本质，也不了解允许意识活动在宇宙遥远的未来继续存在下去所必需的物质条件。

---

① 此书写作完成前人类还没有探测到引力波的存在，而现在引力波的存在已被证实。——编者注

感谢约翰·巴罗（John Barrow）[①]、弗兰克·蒂普勒（Frank Tipler）、杰森·特沃姆利（Jason Twamley）、罗杰·彭罗斯（Roger Penrose）和邓肯·斯蒂尔（Duncan Steel）对本书主要内容所做的有益探讨；感谢本系列丛书编辑杰里·莱昂斯（Jerry Lyons）对手稿的批判性审阅；感谢萨拉·利平科特（Sara Lippincott）对最终手稿所做的出色整理。

---

① 英国天体物理学家，著名科学作家，其经典著作《宇宙的起源》简明扼要地讲述了宇宙起源的故事，包括宇宙早期的历史、宇宙的演化过程、人类与宇宙的关系以及宇宙起源的最新理论。本书中文简体字版已由湛庐文化策划，天津科学技术出版社出版。——编者注

目 录

扫码下载湛庐阅读 APP，
搜索《宇宙的最后三分钟》，
获取本书趣味测试彩蛋！

THE LAST THREE MINUTES

01
宇宙会消亡吗

你想过世界末日的场景吗？宇宙会在怎样的情景下走向末日，是遭遇小行星撞击，还是遭遇彗星撞击，又或是银河系遭遇另一个星系的撞击？

日期：公元 2126 年 8 月 21 日，世界末日

地点：地球

在这颗星球上，绝望的人们四处寻找藏身之处，数十亿人无处可逃。有些人逃往地下深处，拼命寻找洞穴和废弃的矿井，或者乘坐潜艇逃往海里；有些人则横冲直撞，杀气腾腾，冷漠无情；而大多数人就那样坐着，抑郁沉闷，茫然无措，等待末日降临。

高高的天空中，一束巨大的光如火箭一般直冲云霄。最初，一条轻絮般的细条形辐射状星云日渐膨胀，直至形成一团巨大的气体旋涡，如沸腾的水般闯入真空的宇宙中。长条形气旋的顶端有一个漆黑的、畸形的、危险的星团。这是一颗彗星，它头部虽然微小，但破坏力惊人。这颗彗星携带着数万

亿吨的冰和岩石，以每小时约 6.4 万千米（即每秒约 16 千米）的惊人速度逼近地球，最终势必以音速的 70 倍的速度撞向地球。

此刻，人类只能观望等待。科学家早已放弃使用望远镜，并默默地关闭了计算机，静静等待着这场不可避免的浩劫。科学家对这场灾难进行了不计其数的模拟，但得到的结果依然不太确定，而且太过于危言耸听，无法向公众公布。一些科学家利用普通老百姓所不具备的技术优势，准备了万全的逃生之策；而另一些科学家则准备站好他们作为科学家的最后一班岗，在世界末日来临之际，尽可能仔细地观察和分析这场灾难，将观察所得的数据传输到深埋于地下的时间胶囊中，以备后代子孙之需……

撞击时刻迫近，世界各地数以百万计的人们紧张地盯着自己的手表。这是宇宙的最后三分钟。

爆心投影点突现于正上方，天空径直裂开，几千立方千米的空气被爆开。一簇比一座城市还宽的熊熊烈焰呈弧状冲向地面，15秒后贯穿了整个地球。相当于一万次地震同时爆发的冲击力使地球不停震颤，空气被挤压形成冲击波，横扫地球表面，摧毁了所有的建筑物，所到之处，万物皆毁。被撞击地点周围的平地上激起了一座高达几千米的液态环形山，在直径达160千米的坑穴内，地球的内部构造赤裸裸地呈现了出来。熔化的岩石壁向外呈环状铺展，逐步蚕食地面，就像一条被不断拍打的毯子缓慢地向前蠕动。

在坑穴内部，数万亿吨的岩浆被汽化，而数量比这多得多的物质则被抛入高空，其中一部分被抛到了太空中，更多的被喷溅到了大半个陆地上，如雨点般落在几百甚至几千千米之外，所落之处，尽遭毁坏。一些熔化的喷射物落入海洋，引发了巨大的海啸，加剧了混乱的不断蔓延。大量的尘埃飘散在空气中，整个地球暗无天日。更可怕的是，当被抛向太空的物质突然再次落入大气层时，阳光被数以十亿计如流星般闪烁的危险火焰遮蔽，大地陷入炙烤之中。

这个场景源自一则预言，该预言预测斯威夫特－塔特尔彗星（Swift-Tuttle）将于 2126 年 8 月 21 日撞击地球。如果该预言成真，全球性的大灾难将不可避免，并摧毁所有的人类文明。1993 年，斯威夫特－塔特尔彗星接近过地球。根据早期科学家的计算，2126 年，这颗彗星将再次接近地球，与地球相撞的可能性很大。之后，科学家修正了早期的计算，得出这颗彗星会惊险地避开与地球的撞击，也就是会与地球近距离擦身而过，时间误差为两周。但这足以让我们免遭毁灭。不过，危险不会彻底消失。斯威夫特－塔特尔彗星或类似的天体迟早会撞击地球。据估计，有 1 万个直径大于或等于 500 米的天体在地球交叉轨道上运动。这些星际入侵者诞生于太阳系寒冷的外围，其中一些是被行星引力场捕获的彗星的残骸，而另一些则来自火星和木星之间的小行星带。轨道的不稳定性导致这些小而致命的天体不断地进出太阳系内部，对地球及其姊妹行星的存在造成永久的威胁。

这类天体所能造成的破坏力，比全世界所有核武器加起来造成的破坏力还要大。天体撞击地球事件的发生只是一个时间问题。如果属实，那真是个坏消息。对人类的发展而言，某颗天体撞击地球将会对人类的发展产生空前绝后的影响，会造成人类历史的突然中断。不过对于地球而言，这种事件比较寻常，因为这种规模的彗星或小行星撞击事件平均每几百万年就会发生一次。人们普遍认为，6 500 万年以前，就是因为天体一次或多次撞击地球，才导致了恐龙的灭绝。而下次，可能就轮到人类了。

大多数宗教和文化都坚信，世界末日一定会来临。这种观念根深蒂固。一则相关的宗教故事就生动地描述了我们即将面临的死亡和毁灭。

> 电闪雷鸣，强烈地震。自从地球上有人类以来，从未发生过震感如此强烈的地震……各国的城市彻底崩塌，岛屿和群山全都消失了。重约 50 千克的巨大冰雹从天而降，砸在人们身上。冰雹灾难极其惨烈，他们因此而诅咒上帝。

在充斥着暴力的宇宙中，地球只是一颗微不足道的星球，肯定发生过很多可怕的事件，但它依然保持着适宜生命生存的环境，维持了至少 35 亿年。我们得以在地球上成功生存的秘诀源自空间，巨大无比的空间。太阳系只是茫茫宇宙海洋中一座活动的小岛，距离太阳最近的恒星也远在 4

光年之外。若想知道这个距离到底有多远，可以试想一下，光在 8 分钟内就能从太阳传到 1.5 亿千米之外的地球，4 年以后，它的行程将超过 37 万亿千米。

　　太阳是银河系中一个典型区域中的一颗典型的矮恒星。银河系包含大约 1 000 亿颗恒星，质量从太阳质量的百分之几到 100 倍不等。这些恒星连同大量的气体云和尘埃以及不计其数的彗星、小行星、行星和黑洞一起，缓慢地绕着银河系中心旋转。如此庞大的天体集合可能会给人留下拥挤不堪的印象，但只要想一想银河系可见部分的直径约为 10 万光年，你就会释然。银河系呈盘状，中央有一个凸起，周围围绕着几条由恒星和气体组成的旋臂，太阳系就位于其中一个旋臂上，距离银河系中心大约 3 万光年。

　　根据我们所掌握的知识，银河系没有什么特别之处。仙女座方向有一个和银河系很类似的星系，名为仙女星系（Andromeda），位于大约 200 万光年之外。仙女星系看起来像一片模糊的光斑，用肉眼勉强可见。可见宇宙之中存在几十亿个星系，有的呈螺旋形，有的呈椭圆形，还有一些呈不规则形状。这些星系距离彼此非常遥远，高倍天文望远镜可以观测到几十亿光年之外的单个星系。对某些星系来说，它们发出的光到达地球的时间比地球的年龄（45亿年）还要长。

如此巨大的空间意味着宇宙中的碰撞事件非常罕见。地球最大的威胁可能来自我们自己的家园。小行星通常不在靠近地球的轨道上运行，多数被限制在火星和木星之间的地带。但木星巨大的质量会扰乱小行星的轨道运动，偶尔会将它们中的一颗推向太阳，进而对地球的安全造成威胁。

地球面临的威胁也可能来自彗星。根据科学家的探测，这些壮观的天体源自离太阳大约1光年远的一块看不到的云团。彗星对地球的威胁并不是来自木星，而是来自经过的恒星。银河系不是静止的，随着位于银河系中的恒星绕着银河系中心做轨道运动，银河系自身会缓慢自转。太阳及其行星随从们围绕银河系中心运转一周大约需要2亿年，在这个过程中，它们会遇到许多危险。附近的恒星可能会掠过彗星云，使一些星体发生位移，向着太阳系运动。当彗星冲入太阳系内部时，太阳会蒸发掉一些易挥发的或者不稳定的物质，而太阳风还会将其"吹"成一条长长的流光，即著名的彗星尾。在极其偶然的情况下，彗星会在太阳系内部逗留期间与地球相撞。从表面上来看，是彗星对地球造成了破坏，但事实上，罪魁祸首是那些路过的恒星。幸运的是，由于恒星彼此之间的距离遥远无比，这种交会少之又少。

其他天体在围绕着银河系中心运转的途中，也有可能穿越太阳系轨道。当巨大的气体云团缓慢地飘过太阳系，尽管它们比实验室里的真空还要稀薄，依然可能大幅度地改变太阳风，并影响来自太阳的热流。此外，更危险的天体可能潜伏在漆黑的太空深处，比如漂泊的行星、中子星、褐矮星、黑洞，所有这些天体都可能在没有预警且不可见的情况下袭击地球，并对太阳系造成严重破坏。

来自宇宙的威胁也有可能更加隐蔽，更加难以被发现。一些天文学家认为，太阳可能与银河系中的许多其他恒星一样，属于双星系统，而这颗被我们称为"复仇女神星"（Nemesis）[①]或"死亡之星"的伴星，因为太暗太远，至今还没有被发现。不过，通过引力效应，我们仍然可以感受到它的存在。在围绕太阳缓慢运行的轨道上，太阳的这颗伴星会

① 20 世纪 80 年代，科学家认为地球物种有周期性灭绝的规律性，并认为这是太阳伴星作用的结果，所以给它起名"复仇女神星"。21 世纪初，新的科学研究证明这些观点是错误的。——编者注

周期性地干扰遥远的彗星云，并使一些彗星撞向地球，形成彗星风暴，进而产生一系列毁灭性的影响。地质学家发现，这种大规模的生态破坏呈现出某种周期性，大约每 3 000 万年发生一次。

在宇宙深处，天文学家已经观测到了处于明显碰撞过程中的星系系统。银河系与另一个星系碰撞的可能性有多大呢？某些快速运动的恒星的存在证明，银河系可能已经与邻近的小星系发生过碰撞，并遭到了破坏。不过，两个星系的碰撞并不一定会对其星系中的星体带来灾难，因为星系中的恒星非常稀少，它们可能会彼此靠近，但不会直接碰撞。

大多数人都会为世界末日的来临——世界突然遭到大规模的毁灭，而惊慌失措。不过，相比缓慢的衰退，地球遭遇惨烈毁灭的可能性更小。有很多情况会使地球逐渐变得不适宜居住，比如缓慢的生态退化、气候变化、太阳热能输出的微小变化，所有这些可能的变化即使不会威胁到人类的生存，也会干扰我们在这颗脆弱的星球上原本舒适的生活。但是，这些变化将会在几千年，甚至数百万年间缓慢发生，因此人类有时间研制尖端技术与之抗衡。比如，只要有时间重新组织人类的活动，就能应对新的冰河时代的来临，从而避免人类的灭绝。可以肯定，在未来的几千年里，我们在技术方面将继续取得巨大进步。因此，我们有理由相信，人类或其后代将能够控制越来越大的物理系统，并有可能避免遭遇天文级别的灾难。

人类会永远存在吗？这种可能性很大。但我们也要看到，永生不朽并不易得，且还可能被证明是不可能的。宇宙自身作为一个整体，必然会受到物理规律的制约，从而衍生出它自己的生命周期：诞生、演化，也许还有死亡。作为宇宙中的一员，人类的命运不可避免地与恒星的命运紧密地纠缠在一起。

THE LAST THREE MINUTES

02
逐步消亡的宇宙

　　宇宙最终会走向热寂的预测不仅说明了宇宙的未来，同时也暗示了过去发生的一些重大事件 —— 宇宙诞生于过去的某个时刻。

　　1856 年，德国物理学家赫尔曼·冯·亥姆霍兹（Hermann von Helmholtz）做出了科学史上最令人感到沮丧的预言——宇宙正在消亡。这个天启般的预言依据的是热力学第二定律。该定律于 19 世纪早期被提出，最初用来说明热机效率，但很快人们就发现它具有更普遍的意义，即整个宇宙都适用。

　　简而言之，热力学第二定律指明，热量是由热向冷流动的。这是物理系统的一个常见而又明显的特性，从做饭或咖啡冷却这些日常小事中，我们可以清晰地看到这个定律的作用方式：热量从温度较高的地方流向温度较低的地方。这并不神秘。热以分子运动的形式在物质中表现出来。在气体中，分子会四处乱窜并相互碰撞，包括空气中的分子也是如此。即使在固体中，原子也在剧烈地运动着。物体的温度越高，分子的运动就越剧烈。如果两个温度不同的物体相接触，较热物体中运动比较剧烈的分子很快就会扩散到较冷物体的分子中。

因为热量流动是单向的，所以该过程在时间上是不对称的。如果放映一部记录热量由冷的地方到热的地方自发性地流动的影片，那它看上去就像河水倒流至高山、雨滴升至云层，非常荒唐可笑。因此，我们可以确定热量流动的基本方向，通常用从过去指向将来的箭头表示（见图 2-1）。这个"时间箭头"表明了热力学过程的不可逆性，物理学家为此着迷了 150 年。

图 2-1 冰块的融化过程

注：冰块的融化过程决定了时间的方向：热量从温水流入冰块。假如按照（3）（2）（1）的顺序放映一部电影，人们会认为这是一种特殊的剪辑手法。我们常用一个专门的物理量来表征这种不对称的特点，它就是熵（entropy），其值随着冰块的融化而增加。

冯·亥姆霍兹、鲁道夫·克劳修斯（Rudolf Clausius）

和威廉·汤姆森（William Thomson，又称开尔文勋爵）的研究向人们普及了热力学中一个描述不可逆转的变化的重要物理量——熵。在简单的热冷物体相接触的情境中，熵等于熵增过程中流入物质的热量除以物质的温度。假定少量热量从热物体流入冷物体，热物体将失去一些熵，那么冷物体将获得一些熵。由于这个过程中转移的热量相同，但温度不同，因此，冷物体获得的熵将大于热物体损失的熵，整个系统的总熵值（热物体的熵加上冷物体的熵）也就增加了。由此可得出热力学第二定律的一个原则：一个系统的熵永远不可能减少，因为减少就意味着一些热量自发地从低温物体流向了高温物体，而这种现象显然是不可能发生的。

　　熵永远不会下降。这个定律适用于所有的封闭系统。以冰箱为例，冰箱可以将热量从低温物体（冰箱内部）传递到高温物体（冰箱外部），那么整个系统的总熵值就必须考虑冰箱运行所消耗的能量，因为热量传递过程本身会使熵增加。正因为如此，在通常情况下，冰箱运行产生的熵会超过冰箱从低温物体到高温物体因热量的传递而导致的熵减少。在自然系统中，比如那些涉及生物有机体或者晶体形成的系统，其中一部分熵通常会下降，但这个下降总是由系统另一部分的熵的增加换来的。总而言之，熵永远不会下降。

如果将整个宇宙看作一个封闭系统，在没有"外部"的基础上，我们可以根据热力学第二定律做出一个重要的预测：宇宙的总熵永远不会减少。事实上，熵会一直冷酷无情地增加。我们眼前就有一个很好的例子——太阳，它不断地向寒冷的太空深处散发热量，而热量进入宇宙，永不返回，这是一个惊人的不可逆的过程。

如果真如上文所述，便会不可避免地产生一个问题：宇宙的熵会永远增加吗？想象一下，一个热物体和一个冷物体在热力学封闭（绝热）的容器中相互接触，热能从热物体传递到冷物体，熵会增加，但最终冷物体会变暖，热物体会冷却，进而两个物体达到相同的温度。当达到这种状态时，就不会再发生热能传递现象。容器内的系统将达到均匀的温度，即包含最多熵的稳定状态，这种现象被称为热动平衡（thermodynamic equilibrium）。只要系统保持隔离，就不会有进一步的变化；但如果物体受到某种形式的干扰，比如，从容器外部引入更多的热量，那么就会产生进一步的热活动，熵将增加到更大的峰值。

这些热力学的基本原理向我们揭示了天文学和宇宙学方面的什么规律呢？在太阳和大多数其他恒星中，热量的外流虽然可以持续数十亿年，但总体而言并不是取之不尽的。正常恒星的热量是由其内部的核聚变过程产生的。正如我们将看到的，太阳终将会耗尽，除非有大事件能改变这一局面，否则太阳将持续冷却到与周围空间相同的温度。

虽然冯·亥姆霍兹对核聚变反应一无所知（在当时，太阳巨大能量的来源还是一个谜），但他认识到了一个普适规律：宇宙中的所有物理活动都将趋向于热动平衡这一最终状态，或最大熵状态，随后宇宙中不会发生任何有意义的物理活动。这种走向平衡的单向变化过程被早期的热动力学家称为宇宙的"热寂"（heat death）。个别系统可能会被外部的干扰事件重新激活，但宇宙本身按其定义没有"外部"的概念，所以没有任何东西可以阻止宇宙走向无所不包的热寂。这似乎是不可避免的事情。

宇宙的消亡是热力学第二定律作用的必然结果，这一发现对一代又一代的科学家和哲学家产生了极其消极的影响。比如，伯特兰·罗素（Bertrand Russell）怀着激动的心情在他的著作《为什么我不是基督徒》中写下了以下悲观的评论。

所有时代的劳动结晶，人类天才的所有奉献、所有灵感、所有光华，都注定会随太阳系的浩劫而消

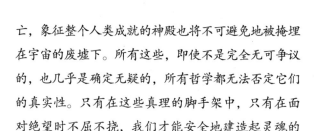

亡，象征整个人类成就的神殿也将不可避免地被掩埋在宇宙的废墟下。所有这些，即使不是完全无可争议的，也几乎是确定无疑的，所有哲学都无法否定它们的真实性。只有在这些真理的脚手架中，只有在面对绝望时不屈不挠，我们才能安全地建造起灵魂的家园。

许多作家从热力学第二定律中得出结论，认为宇宙是无意义的，人类的存在最终是无用的。在本书后面的章节中，我们将会继续探讨这种悲观的评论，讨论这是不是一种误解。

宇宙最终会走向热寂的预测不仅说明了宇宙的未来，同时也暗示了过去发生的一些重大事件。很明显，如果宇宙以有限的速度不可逆转地衰退，那么它就不可能永远存在。原因很简单：如果宇宙是无限古老的，那它应该早就死了。以有限的速度运行的东西不可能永久存在。换言之，宇宙诞生于过去的某个时刻。

值得注意的是，这一深刻的结论并没有被 19 世纪的科学家正确理解。20 世纪 20 年代，关于宇宙起源于大爆炸的假设必须等待天文观测才能判定真假，但在过去的某个时刻，这个纯粹基于热动力基础的宇宙起源理论已经得到了明显的证据支持。

然而，由于没有提出显而易见的推论，19 世纪的天文学家为一个奇怪的宇宙学悖论感到困惑不解，这个悖论由德国天文学家海因里希·奥尔伯斯（Heinrich Olbers）提出，被称为"奥尔伯斯悖论"（见图 2-2）。该悖论提出了一个简单却意义深远的问题：为什么夜晚的天空是黑色的？

乍看之下，这个问题似乎不值一提。因为恒星离我们很远，所以夜空看起来很暗。然而，假设空间是无限的，那么恒星就有无限多，而无限多星光黯淡的恒星叠加起来会产生大量光。我们很容易计算出分布在整个空间的无限多恒星累积发出的星光。一方面，恒星的亮度跟距离的平方成反比，这就意味着在距离的 2 倍处，恒星的亮度减弱为 1/4，在距离的 3 倍处，恒星的亮度减弱为 1/9，以此类推。另一方面，你看得越远，看到的恒星数目就越多。事实上，简单的几何学表明，距离地球 200 光年处的恒星数量是距离地球 100 光年处的 4 倍，而距离地球 300 光年处的恒星数量是距离地球 100 光年处的 9 倍。所以恒星的数量按距离的平方增加，而亮度按距离的平方减少。这两种效应相互抵消，结果便是，在一定距离内所有恒星发出的光的总强度与距离无关。所有来自 200 光年以外的恒星发出的光，与来自 100 光年以外的恒星发出的光的总强度相同。

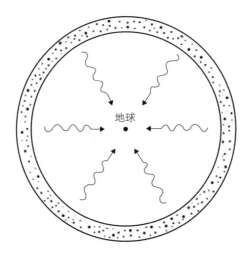

图 2-2　奥尔伯斯悖论

注：设想一下，宇宙永无变化，其间的恒星在某个平均密度下随机分布。图中是一组恒星，它们位于一个以地球为中心的薄薄的球状壳层内（图中省略了壳外的恒星）。这个壳层中所有恒星发出的光构成了落在地球上的恒星的光的总通量。恒星的光强度将随着壳层半径的平方而减小。然而，球壳内的恒星总数量将随着球壳半径的平方成比例增长。因此，这两个因素相互抵消，该球壳的总光通量与它的半径无关。在一个无限的宇宙中，会有无限多的球壳，那么显然，就会有无限的光通量到达地球。

　　当我们将所有可能距离上的所有恒星发出的光相加时，就会产生一个问题：如果宇宙没有边界，那么地球接收到的总的光通量应该是无限的，夜空就不应该是黑暗的，而是无限明亮！

　　如果将恒星的大小考虑在内，那么情况就会得到一定程度的改善。恒星离地球越远，其外在大小就越小。如果一颗邻近的恒星位于同一条视线上，那么它就会遮住一颗较远的恒星。在一个无限的宇宙中，这种情况经常发生，考虑到这一点，先前计算的结论就需要修改。到达地球的光通量不是无限的，只是非常大而已，大致相当于太阳的圆盘充满整个天空，相当于将地球放在离太阳表面大约 160 万千米远的地方，这确实是一个非常不舒服的地方，因为地球会被巨大的热量迅速汽化。

　　一个无限宇宙等同于一个宇宙熔炉这样的结论实际上是对前面讨论过的热力学问题的重述。恒星将热量和光注入太空，其辐射会在太空中慢慢积累。假如恒星一直在燃烧，那么从表面来说，这种辐射应该有无限的强度。事实上，有一些辐射在穿越太空的过程中，会撞击到其他恒星并被重新吸收（这相当于附近的恒星遮住了较远恒星的光）。因此，如果达到平衡状态，发射率刚好与吸收率平衡，那么辐射强度将不再升高。当太空中的辐射达到恒星温度（几千开尔文）时，就会出现这种热动平衡状态。因此，宇宙应该是充满了温度达到几千开尔文的热辐射，而这个温度下的夜空应该是发光发热的，而非黑暗无光。

奥尔伯斯针对自己的悖论提出了一个解决办法。他注意到宇宙中存在大量尘埃，这些物质会吸收大部分星光，从而使天空变暗。虽然他的观点富有想象力，但从本质上来说是有缺陷的。尘埃最终会升温，并会以与吸收的辐射相同的强度发光。

另一个可能的解决办法是，放弃宇宙空间无限大的假设。假设恒星很多，但数量有限，宇宙由一个巨大的恒星群组成，并被一个无限的黑暗空间包围着，那么大部分恒星发射的光就会流向宇宙的另一个空间，然后消失。这个简单的办法也有一个致命的缺陷，事实上，牛顿在 17 世纪就已经发现了这一点。这个缺陷与引力的性质有关：每一颗恒星都用引力吸引着其他恒星，因此，在这种由巨大的恒星群组成的宇宙中，所有恒星都倾向于向引力中心跌落并聚集。如果宇宙有一个明确的中心和边界，它一定会自行坍缩。一个无支撑的、有限的、静态的单向体是不稳定的，很容易发生引力坍缩（gravitational collapse）。

我们会在后文继续讨论引力坍缩的问题，这里只需要注意牛顿试图回避这个问题的巧妙方法。牛顿推断，只有当宇宙有中心时，它才能坍缩到中心。如果宇宙的范围是无限的，其中均匀地分布着恒星，那么它就没有所谓的中心和边界。一颗特定的恒星将会被它的许多邻居向多个方向牵引，就像一场巨大的拔河比赛，牵引的绳索向四面八方延伸。平均开来，所有的引力会相互抵消，因此恒星并不会移动。

如果我们接受牛顿解决引力坍缩问题的方法，就又回到了无限宇宙和奥尔伯斯悖论的问题上。看来我们必须面对这种进退两难的境地。但事实证明，我们可以在两难境地之间找到一条出路。错的不是假设宇宙在空间上是无限的，而是假设宇宙在时间上是无限的。永远存在的奥尔伯斯悖论源自天文学家假定宇宙是永恒不变的，即假定恒星是静止的，并以不减的强度永恒燃烧。我们现在知道，这两个假设都是错误的。首先，宇宙不是静止的，而是在不断膨胀；其次，恒星不可能永远燃烧，因为如果真是那样，它们的燃料早就耗尽了。恒星还在燃烧的事实意味着，宇宙是在过去某一特定时刻形成的。

如果宇宙的寿命是有限的，奥尔伯斯悖论就会迎刃而解。我们以一颗非常遥远的恒星为例来说明这个问题。光是以有限的速度传播（在真空中以每秒 30 万千米传播）的，所以我们无法看到当前的恒星，只能看到光离开它时的星象。比如，明亮的参宿四离地球大约 650 光年，所以我们现在看到的是 650 光年前的参宿四。如果宇宙是 100 亿年前形成的，那么我们就无法看到任何距离地球超过 100 亿光年的恒星。宇宙在空间上可能是无限的，但如果地球有一个有限的年龄，那么我们在任何情况下都看不到超过某个有限距离的天体。因此，来自有限年龄无限恒星的累积光通量将是有限的，而且可能极其微弱。

科学家从热力学角度也得到了同样的结论。由于宇宙的空间是无限的，因此恒星用热辐射填充宇宙空间，并达到同温状态所花费的时间将会相当长，而宇宙从诞生之初到现在，还没有足够的时间来达到热动平衡状态。

所有的证据都表明，宇宙的寿命是有限的。它在过去某个有限的时间形成，现在正处于活力满满的黄金时期，

而在未来某刻会无可避免地退化至热寂状态。由此我们不
得不思考后面的一系列问题：末日什么时候会降临？末日
会以什么样的形式到来，是缓慢进行还是突然发生？按照
科学家对"热寂说"的认识，"热寂说"在未来会不会被证
明是错误的？

THE LAST THREE MINUTES

03
最初的三分钟

宇宙学家深知探测宇宙未来的关键在于过去。只
有了解宇宙如何诞生，我们才能去探索宇宙如何消亡。

　　和历史学家一样，宇宙学家深知探测宇宙未来的关键在于过去。我已经从热力学第二定律的角度解释了宇宙的寿命为何是有限的。科学家几乎一致地认为，整个宇宙起源于100 亿～ 200 亿年前的一次大爆炸，并会走向它的最终命运。通过研究宇宙是如何开始的以及最初阶段的演变过程，我们可以获得关于遥远未来的重要线索。

　　"宇宙并不是永恒存在的"这个观念在西方文化中根深蒂固。尽管希腊哲学家思考过宇宙可能是永恒存在的，但所有西方的主流宗教都坚持认为，宇宙是上帝在过去的某个特定时刻创造出来的。

　　宇宙起源于大爆炸的理论具备令人信服的科学依据，最直接的证据来自对遥远星系光线颜色的研究。20 世纪 20 年代，在亚利桑那州罗威尔天文台工作的专家维斯托·斯莱弗（Vesto Slipher）对星云进行了长期的耐心观测，而美国天文学家埃德温·哈勃（Edwin Hubble）在斯莱弗工作的基础之上，发现遥远的星系似乎比附近的星系要更偏红一些。哈勃用 100 英寸（254 厘米）的威尔逊山望远镜仔细观测了这种现象，并绘制了一张图表。结果发现，星系具有一种系统性的特征：星系离地球越远，发出的光线看起来越红。

光的颜色与其波长有关。在白光光谱中，蓝色位于短波的一端，而红色位于长波的一端。遥远星系偏红意味着，这个星系的光波波长不知何故被拉长了。通过仔细测定许多星系光谱中特定谱线的位置，哈勃证实了这一效应。他提出，光波之所以被拉长是因为宇宙在膨胀。哈勃的这一重大发现奠定了现代宇宙学的基础。

宇宙正在膨胀的性质让许多人感到困惑。从地球的角度来看，遥远的星系似乎正在快速地远离我们。然而，这并不意味着地球处于宇宙的中心，整个宇宙的膨胀模式（平均来看）是相同的。更准确地来说，每个星系团都在彼此远离。我们最好把这种远离设想成星系团之间空间的伸展或者膨胀，而不是星系团在宇宙中的运动。

空间竟然可以延伸，这实在令人感到惊讶。1915 年，爱因斯坦发表了广义相对论之后，这一概念已经被科学家熟知。广义相对论认为，引力实际上表现为空间的弯曲或扭曲，严格地来说，是时间和空间的弯曲或扭曲。从某种意义上来说，空间是有弹性的，能以某种方式弯曲或者延伸，弯曲或者延伸的程度取决于空间中物质的引力属性。这一观点已经被充分地证实了。

　　我们通过一个简单的类比来理解一下膨胀空间的基本概念。假设用一排纽扣代表星系，并将其缝在一根松紧带上（见图 3-1）。如果你拉绳子的两端，所有的纽扣就会彼此远离，无论哪个纽扣，所有与它相邻的纽扣都在远离。宇宙各处的膨胀都是一样的，没有中心。虽然图 3-1 中央有一个纽扣，但这与系统的膨胀方式无关。如果带纽扣的松紧带无限长，或者闭合成一个圆，这个中心点便不存在了。

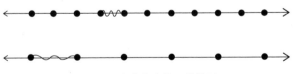

图 3-1　膨胀宇宙的一维模型

注：纽扣代表星系，松紧带代表宇宙空间。当松紧带延伸时，纽扣会彼此远离。所以，延伸可以增加沿线传播的波的波长，这与哈勃发现的光的红移现象相吻合。

从任何一个特定的纽扣来看，相邻最近的纽扣的远离速度似乎仅仅是下一批相邻更近的纽扣的一半，以此类推可得出，纽扣离你的视点越远，它后退的速度就越快。在这种类型的膨胀中，后退的速度与距离成正比，这是一种非常显著的关系。因此，我们可以想象光波在膨胀空间中的星系之间传播的情形，随着空间的延伸，光波也会被拉长。这就解释了宇宙红移现象。哈勃发现，红移现象与距离成正比，正如图 3-1 所示。

如果宇宙在膨胀，那么它在过去一定是被压缩了。哈勃的观察结果以及此后所做的大量研究为膨胀率提供了一个衡量标准。如果将宇宙的运行看作一部电影，并倒着看这部电影，我们就会发现在遥远的过去，所有的星系都聚合在一起。根据当前的膨胀率，我们可以推断出，这种聚合一定发生在数十亿年前。然而，由于以下两个原因，我们很难准确地判断出这种聚合究竟发生在多少年前。

第一，测量很难精确地进行，而且会有各种各样的误差。尽管现代望远镜几经改进，可观测到的星系数量大大增加了，但膨胀率的不确定性仍在两倍以内，这是一个充满争议的话题。

第二，宇宙膨胀的速度不会随着时间的推移保持不变，这是引力作用的结果。引力不仅会作用于星系之间，而且会作用于宇宙中所有形式的物质和能量之间。引力起到了刹车的作用，抑制了星系向外冲撞。因此，膨胀率会随着时间的推移逐渐减小。由此可知，过去宇宙的膨胀速度肯定比现在快。如果我们绘制一张关于可见宇宙的大小与时间的关系图，就会得到如图 3-2 所示的曲线。从图中我们可以看到，宇宙开始时压缩在一起，但膨胀的速度很快，而且随着时间的推移，物质的密度随着宇宙体积的增加而稳步下降。如果沿着曲线一直追溯到最初状态（图中标记为"0"），我们就会发现，宇宙起源于零体积且具有无限的膨胀率。换言之，构成我们今天所能看到的所有星系的物质从一个奇点上快速出现，爆炸的速度极快。这是对大爆炸理论的理想化描述。

我们是否应该沿着这条曲线一路追溯到起点呢？许多宇宙学家觉得这很有必要。如果宇宙曾经有过一个开端（鉴于我在前一章中讨论过的原因），大爆炸肯定是真实的。如果真是这样，那么曲线所标志的就不仅仅是一次大爆炸。请记住，这里所描绘的膨胀是宇宙空间本身的膨胀，所以零体积并不意味着物质被压缩到无限密度，而是意味着空间被压缩到零。换句话说，大爆炸是空间的起源，也是物质和能量的起源。最重要的是要认识到，宇宙大爆炸发生时，没有预先存在的空间。

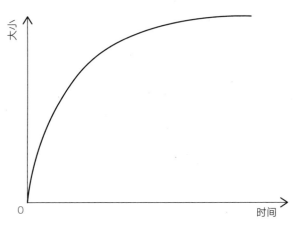

图 3-2　可见宇宙的大小与时间的关系图

注：如图所示，宇宙的膨胀率随着时间的推移而稳定地降低。在时间轴上标记为"0"的点上，膨胀率是无限的。这一点与宇宙大爆炸理论相吻合。

同样的思路也适用于时间。物质的无限密度和宇宙空间的无限挤压也标志着时间的边界，因为时间和空间都被引力延伸了。同理，这种效应是爱因斯坦广义相对论的一系列推论，并且已经被实验证实了。大爆炸的条件意味着时间的无限扭曲，因此时间和空间的概念不能延伸到大爆炸之外。这迫使我们得出一个结论，大爆炸是所有物理事物（空间、时间、物质和能量）的开端。显然，像许多人那样询问大爆炸前发生了什么，或者是什么导致了大爆炸的发生，都显得毫无意义。因为大爆炸没有以前。如果没有时间，就没有一般意义上的因果关系。

如果宇宙大爆炸理论仅仅基于宇宙膨胀的现象，那么许多宇宙学家可能会拒绝相信它。不过，科学家 1965 年发现了宇宙微波背景辐射之后，该理论又有了一个重要证据。在整个宇宙中，宇宙微波背景辐射以相同的强度从天空的各个方向射向地球，自大爆炸发生后不久，它一直不受干扰地传播着。因此，宇宙微波背景辐射提供了原始宇宙状态的快照。这种辐射的光谱与存在于炉内达到了热动平衡状态的光完全匹配，这是物理学家称为黑体辐射的一种辐射形式。我们可以据此得出结论，早期宇宙处于这样一种平衡状态：所有区域都处于同一温度。

根据测量，宇宙微波背景辐射比绝对零度①大约高出 3 开尔文，但温度会随着时间缓慢变化。当宇宙膨胀时，温度会

---

① 绝对零度是热力学的最低温度，单位是开尔文。绝对零度，也就是 0 开尔文约等于零下 273.15 摄氏度。——编者注

038   宇宙的最后三分钟 The Last Three Minutes

根据一个简单的公式冷却：当宇宙的半径增加一倍时，温度会下降一半。这种冷却与光的红移现象具有相同的效果：热辐射和光都由电磁波组成，热辐射的波长也会随着宇宙的膨胀而被拉长。低温辐射比高温辐射的波长更长。此外，如果将宇宙这部电影倒着看，我们就会发现宇宙的温度在过去更高。宇宙微波背景辐射可以追溯到大爆炸发生后的大约 30 万年，当时宇宙已经冷却至大约 4 000 摄氏度。宇宙背景热辐射至今仍然保持着完美的黑体谱，这表明，从大爆炸之后的 30 万年以来，辐射几乎一直在平稳地传播着，没有受到任何干扰。

宇宙微波背景辐射不仅因其黑体形式而异，更因其在天空中的极端均匀性而异。在不同的空间方向上，辐射的温度差仅有十万分之一左右。一方面，这种平滑度表明，宇宙在很大程度上是非常均匀的，因为当任何系统的物质聚集到空间的一个区域，或者沿一个特定的方向聚集时，温度都会发生变化。另一方面，宇宙并不是完全均匀的。物质聚集成星系，星系又形成星系团，这些星系团依次排列在超星系团中。在数百万光年的规模上，宇宙呈现一种气泡状结构，也就是在一些巨大的空洞周围包围着星系膜和星系纤维。

　　宇宙大规模的块状聚集一定是从一个更加平滑的原始状态开始的。虽然这可能是各种物理机制造成的，但最合理的解释是，这种现象源自缓慢的引力作用。如果宇宙大爆炸理论是正确的，我们期望有证据证明，这种聚合过程的早期阶段的迹象已经留在了宇宙微波背景辐射中。1992 年，美国国家航空航天局（NASA）的一颗宇宙背景探索者卫星（COBE）显示，宇宙微波背景辐射并不是精确地均匀分布的，从太空一端到另一端的辐射都具有明显的波纹或强度变化。这些微小的不均匀现象似乎是超聚集过程的温和开端。宇宙微波背景辐射忠实地保留了千古以来宇宙原始聚合的迹象，并以图形的方式证明宇宙并非以我们今天所看到的独特方式构成。物质聚集成星系和恒星是一个不断扩展的演化过程，这个过程始于宇宙几乎完全均匀的状态。

　　某些化学元素的宇宙丰度 ① 也能证明大爆炸理论的正确性。知道了当前宇宙微波背景辐射的温度，我们就可以很容易地计算出，整个宇宙在大爆炸发生后一秒钟的温度约为 100 亿摄氏度，对现有的原子核的合成来说，这个温度太高了。那时，物质被分解成最基本的成分，形成一个由质

———————————

① 宇宙丰度是描述天体性质的一种重要物理量。丰度是指一种化学元素在某个自然体中的重量占这个自然体总重量的相对份额。——编者注

子、中子和电子等基本粒子组成的粒子汤。然而，随着粒子汤的冷却，核聚变反应成为可能，特别是中子和质子可以自由、成对地黏在一起，而它们又结合在一起形成了氦元素的原子核。根据计算表明，这种核活动持续了大约三分钟（史蒂文·温伯格所著的《最初三分钟》的书名由此而来）。在此期间，大约 1/4 的物质被合成氦元素。这几乎耗尽了所有可用的中子，剩下未结合的质子注定会变成氢原子核。因此，据此预测，宇宙中应包含约 75% 的氢元素和 25% 的氦元素。这一比例与目前这些元素宇宙丰度的测量结果一致。

最初的核聚变反应还可能产生了非常少量的氘、氦-3 和锂。不过，这些占宇宙物质总量 1% 的重元素并不是在大爆炸中产生的。相反，它们形成的时间较晚，且形成于恒星内部，我将在第 4 章讨论它们形成的方式。

综上所述，宇宙的膨胀、宇宙微波背景辐射以及化学元素的宇宙丰度是证实大爆炸理论的有力证据。但是，仍有许多问题尚待解决。比如，为什么宇宙当初会以那么快的速度膨胀？换句话说，为什么大爆炸的规模如此之大？为什么早期宇宙如此统一？为什么各个方向和空间中的膨胀率也如此相似？宇宙背景探索者卫星所发现的宇宙密度

发生微小波动的起因是什么？这些波动对银河系和星团的
形成有什么重要影响？

　　近年来，通过将大爆炸理论与高能粒子物理学的最新思
想相结合，科学家付出了巨大努力来解决这些深层次的难
题。我要强调的是，这种"新宇宙学"所依据的科学基础远
不如我们之前讨论的那些主题可靠，因为涉及的粒子能量远
远大于任何可以直接观察到的粒子能量，而这些过程发生的
时间则是宇宙诞生后不到一秒钟的时间内。当时的情况可能
非常极端，目前唯一合适的途径就是几乎完全基于理论来进
行数学建模。

　　新宇宙学的一个核心假设是，宇宙可能发生了暴胀。
这个假设的基本思想是，在最初的几分之一秒内的某个时
刻，一个巨大的因素促使宇宙突然变大了。若想了解这意
味着什么，请再次参考图 3-2，图中的曲线是向下弯曲的，
这表明当任何给定空间的体积在膨胀时，其膨胀速度都会
减缓。相比之下，在宇宙暴胀期间，膨胀的速度增加了
（见图 3-3，不按比例）。大爆炸发生之初，宇宙膨胀的速
度放缓，但随着暴胀的开始，速度迅速回升，曲线上升了
一小段时间之后，趋势恢复正常，但与图 3-2 中的同一位

置相比，图 3-3 相对应的空间区域的大小已大幅增加，远远超过图 3-2 所示。

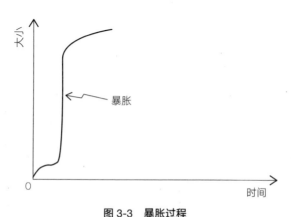

图 3-3　暴胀过程

注：宇宙的大小在大爆炸发生后极短的时间内经历了一次突然的增大，膨胀的速度极速攀升。而暴胀阶段之后，膨胀的速度慢慢放缓，类似于图 3-2。

为什么宇宙要以这种奇怪的方式运行呢？曲线向下弯曲是因为引力的作用，它在宇宙膨胀时起到了抑制作用。因此，向上的弯曲可以看作一种反引力或者排斥力，致使宇宙越来越大。尽管反引力听起来像是一种异端邪说，但最近的一些理论表明，反引力效应可能发生在宇宙早期的极端温度和密度条件下。

在讨论暴胀是怎么回事之前，我先来解释一下为什么暴胀理论有助于解决上文列出的一些宇宙难题。首先，暴胀可以令人信服地解释为什么大爆炸如此之大。反引力效应是一种不稳定的失控过程，可以使宇宙的大小呈指数级增长。从数学上来讲，这意味着给定空间区域的大小在固定的时间段内会成倍增大。如果将这段周期称为 1 个"滴答"（tick），2 个滴答之后，给定空间区域的大小会膨胀 4 倍；3 个滴答之后会膨胀 8 倍；10 个滴答之后，该区域会膨胀千倍。计算表明，暴胀结束时的膨胀率与科学家今天观察到的膨胀率是一致的。在第 6 章中，我还会详细说明这个问题。

暴胀引起的宇宙空间的巨大跃升为宇宙的均匀特性提供了一种现成的解释。任何初始的不规则都会被空间的扩展消除，就像气球充气后，气球上的褶皱会消失一样。同样，宇宙任何不同方向上的早期膨胀速度引发的任何变化都将很快被暴胀消除，暴胀在各个方向上都具有相同的作用力。我们可以由此得出，宇宙背景探索者卫星发现的宇宙密度的微小变化可能是因为这样一个事实：任何地方的暴胀都可能不会在同一瞬间结束，因此某些区域的膨胀程度会略高于其他区域，从而导致密度的轻微变化。

我们可以利用一些数字来说明暴胀的程度。在简单版本的暴胀理论中，暴胀力（反引力）异常强大，导致每隔一百亿亿亿亿分之一秒（10^{-34} 秒），宇宙的大小就会增加一倍。这个几乎无穷小的时间间隔就是前文所称的"滴答"。仅仅 100 个滴答之后，一个原子核大小的区域就会暴胀到直径一光年左右。这足以回答之前讨论过的各种宇宙难题。

通过对亚原子粒子物理理论的研究，人们发现了几种可能致使暴胀发生的机制。所有这些机制都利用了"量子真空"概念。若想了解涉及的内容，我们必须先了解有关量子物理学的知识。量子理论始于电磁辐射（如热和光）性质的发现，尽管这种辐射以波的形式在空间中传播，但它是由粒子组成的，因为光的发射和吸收以光子这种微小能量包（或量子）的形式发生。这种由波和粒子组成的奇怪的混合体有时被称为波粒二象性，事实证明，这种现象适用于原子和亚原子尺度上的所有物理实体。因此，通常被认为是粒子的实体，比如电子、质子、中子，甚至整个原子，在某些情况下都会表现出波动的性质。

量子理论的一个核心原则是维尔纳·海森堡（Werner Heisenberg）提出的不确定性原理。根据该原理，量子物体的所有属性都不具有明确定义的值。比如，电子不可能同时具有确定的位置和确定的动量。在确定的时间，它的能量也没有确定的值，而能量值的不确定性是我们关心的问题。然而，在宏观世界中，能量始终是守恒的，既不能被创造，也不能被消灭，但是在亚原子量子领域，这个定律就失效了。能量可以自发地、不可预测地在时间尺度上发生变化。间隔越短，这些量子的随机涨落就越大。实际上，粒子可以从我们不知道的地方借来能量，当然，这种借贷也需要及时偿还。不确定性原理的精确数学形式要求粒子必须尽快偿还大笔能量贷款，而小笔能量贷款则可以保留更长的时间。

　　能量的不确定性导致了一些奇怪的效应，比如粒子会突然从无到有，然后又很快消失，比如光子。这些粒子依靠借来的能量生存，因此也借着时间生存。我们看不到它们，因为它们如闪电一般转瞬即逝，我们通常认为空无一物的空间实际上成群地聚集着这种暂时存在的粒子，包括光子、电子、质子以及其他粒子。为了区分这些暂时存在的粒子和永久的粒子，前者被称为"虚粒子"，后者被称为"实粒子"。

　　除了暂时性之外，虚粒子与实粒子其实是相同的。事实上，如果系统外部以某种方式提供足够多的能量来偿还能量贷款，那么虚粒子就有可能变为实粒子，因此，虚粒子与任何其他实粒子没有什么区别。比如，一个虚电子通常只能存活约 10^{-21} 秒，在短暂的生命中，它不会停留在静止状态，但会在消失之前移动 10^{-11} 厘米的距离（一个原子的直径约为 10^{-8} 厘米）。如果虚电子在这么短的时间内（比如从电磁场）能接收到能量，它就不会消失，可以作为正常的电子继续存在。

尽管我们看不到虚粒子，但它们真的存在于空旷的空间中，因为它们留下了可检测到的活动痕迹。虚光子可以在原子的能级上产生微小的位移，也能使电子磁矩发生同样微小的变化。这些微小的变化已经被光谱技术精确地测量出来了。

亚原子粒子一般不会自由运动，但会受到各种力的作用。而力的类型取决于所涉及的粒子的类型，这些力也作用于相应的虚粒子之间，正因为如此，上述关于量子真空的简单模型还需要修改。宇宙中可能存在多种真空状态。存在多种可能的"量子态"是量子物理学的一个常见特征，最广为人知的是原子的各种能级。一个绕原子核运行的电子可以以一定的能量且定义明确的状态存在。最低的能级被称为基态，是稳定的；较高的能级被称为激发态，是不稳定的。如果一个电子被激发到一个更高的状态，它会做一个或多个向下的跃迁回到基态，这种激发态有很明确的半衰期。

　　类似的原理也适用于真空，它可能有一个或多个激发态。这些真空中存在着不同的能量，尽管它们看起来是相同的，也就是说，是空的。最低能级或者基态有时又被称为真真空，这表明它处于稳定的状态，与目前可见宇宙中的真空状态相吻合。处于激发态的真空被称为伪真空。

　　值得强调的是，伪真空仍然是一个纯粹的理论概念，它们的性质很大程度上取决于人们引用的特定理论。伪真空的概念也出现在最新的理论中，这些理论旨在统一自然的 4 种基本力：我们日常生活中熟悉的引力和电磁力以及被称为弱相互作用力和强相互作用力的两个短程力。以前，人们认为电和磁是截然不同的，它们的统一过程始于 19 世纪初，并在近几十年中取得了进展。现在我们知道，电磁力和弱相互作用力是相互联系的，两者共同形成了单一的电弱力。许多物理学家认为，电弱力作为大一统理论的一部分，将来也会证明，强相互作用力与电弱力有关。很可能，这 4 种力在某个更深的层次上可以合并成一种单一的超级力。

各种大一统理论都预言了一种最有可能的暴胀机制。这些理论的一个关键特征是，伪真空状态具有惊人的能量：1立方厘米的空间包含 10^{87} 焦耳能量！在这种状态下，一个原子的体积也将包含 10^{62} 焦耳能量。相比之下，一个被激发的原子只有 10^{-18} 焦耳能量。因此，激发真真空需要巨大的能量，不过我们也不期望在宇宙中发现伪真空。考虑到大爆炸发生的极端条件，这些数字是可以说得通的。

与伪真空状态相关的巨大能量具有强大的引力效应。正如爱因斯坦所指出的，这是因为能量具有质量，因此可以产生引力，就像常规物质一样。量子真空的巨大能量非常诱人：1立方厘米伪真空的质量重达 10^{67} 吨，比当前整个可见宇宙的质量（约 10^{50} 吨）还要重！这种巨大的引力无法产生膨胀，后者还需要某种反引力。然而，巨大的伪真空能量与同样巨大的伪真空压力有关，正是这种压力起了作用。通常，我们不认为压力是引力的来源，但它确实是。虽然压力产生向外的机械力，但它也能产生向内的引力。在常见的物体中，与物体质量的影响相比，压力的引力效应可以忽略不计。比如，你在地球上的重量只有不到十亿分之一的重量来自地球的内部压力。然而，压力的引力效应是真实存在的，并且在压力达到极限值的系统中，压力的引力效应可以与质量效应相媲美。

伪真空状态下既有巨大的能量，也有与之相仿的巨大压力，因此它们会争夺对引力的支配权。然而，压力的关键特性是，它是负的。伪真空的压力起的作用不是排斥而是吸引。负压力会产生负引力效应，也就是说，会产生反引力作用。因此，伪真空的引力作用凭借其能量产生的巨大吸引效应与其负压力的巨大排斥效应进行了竞争。事实证明，压力赢了，其净效应是产生一种巨大的排斥力，它可以在瞬间将宇宙炸裂。正是这种巨大的膨胀推动着宇宙的体积每 10^{-34} 秒就增加一倍。

伪真空本质上是不稳定的。像所有的激发量子态一样，它倾向于衰变回基态，变为真真空。这个过程只需要几十个滴答就能完成。作为一个量子过程，它会不可避免地表现出不确定性和随机涨落，这与之前讨论过的不确定性原理有关。这意味着衰变不会在整个空间中均匀地发生，而是会有波动。一些理论家认为，这可能是宇宙背景探索者卫星发现的宇宙密度产生微小波动的根源。

当伪真空发生衰变时，宇宙会恢复其正常的膨胀速度，被锁在伪真空中的能量被释放出来，以热的形式出现。暴胀使宇宙冷却到接近绝对零度的温度；突然，暴胀终止，宇宙重新被加热到 10^{28} 摄氏度。随着宇宙微波背景辐射的扩散，这种巨大的热能扩散到了目前的低温状态。真空能量释放产生的副产品是，量子真空中的许多虚粒子结合另一些虚粒子，变为实粒子。经过进一步的处理和改变，这些原始粒子的残余物仍旧提供了 10^{50} 吨的物质，组成了你、我、银河系以及可见宇宙的其余部分。

如果暴胀理论是正确的，那就意味着经过 10^{-32} 秒后，决定宇宙的基本结构和物理成分的过程便已经形成了。在暴胀后期，宇宙在亚原子层面上经历了许多额外的变化，使原始物质发展成了构成当前可见宇宙物质的粒子和原子，但大多数物质的处理过程仅仅在三分钟左右就完成了。

宇宙的前三分钟和最后三分钟有什么关系呢？正如子弹的命运在很大程度上取决于射向的目标一样，宇宙的命运也取决于其初始条件。接下来，我会介绍当前的可见宇宙如何从最初的起源开始膨胀以及从大爆炸中产生的物质的性质如何决定了宇宙最终的未来。宇宙的开始和结束深深地交织在一起。

THE LAST THREE MINUTES

04
恒星的末日

一颗大质量恒星的命运就是将自身炸成碎片，留下一颗中子星或一个被扩散性喷射气体包围的黑洞。

　　1987 年 2 月 23 日至 24 日晚，加拿大天文学家伊恩·谢尔顿（Ian Shelton）在智利安第斯山脉的拉斯坎帕纳斯天文台工作。值夜班的一位助理走出办公室，漫不经心地瞥了一眼漆黑的夜空。他对天象十分熟悉，很快便发现了一些不同寻常的事情。那片被称为大麦哲伦星云的边缘有一颗恒星，它不是特别亮，与猎户座带上的其他恒星相差无几，关键的问题是，前一天它并不在那里。

　　这位助理成功地将谢尔顿的注意力吸引到了这颗恒星上。几个小时之内，这个消息就传遍了全世界。谢尔顿和助理发现了一颗超新星。这是自 1604 年约翰尼斯·开普勒（Johannes Kepler）记录下一颗超新星之后发现的第一颗肉眼可见的超新星。好几个国家的天文学家立即开始用仪器捕捉大麦哲伦星云上的这颗超新星——1987A。在随后的几个月里，天文学家观测并详细地记录下了这颗超新星的运行轨迹。

就在谢尔顿做出惊人的发现之前的几个小时，人们在一个不同寻常的地点——位于日本神冈地下 37 层的锌矿里，发现了另一个不同寻常的事件。长久以来，一些物理学家在这里做着一项雄心勃勃的实验，目的是测试质子（物质的基本构成成分之一）的最终稳定性。20 世纪 70 年代发展起来的大一统理论预测，质子可能非常不稳定，偶尔会衰变成某种异乎寻常的放射性变种。如果是这样，它将对宇宙的命运产生深远的影响，我们将在后面的章节中讨论这个问题。

为了测试质子的衰变，日本实验人员往一个水箱中注入了 2 000 吨超纯水，并在水箱周围放置了高灵敏度的光子探测器。探测器的工作是记录可能由个别衰变事件产生的高速产物的闪光信号。为了减少宇宙辐射的影响，实验选择了在地下进行，以防探测器被虚假事件淹没。

1987 年 2 月 22 日，探测器在数秒内突然被触发了至少 11 次。与此同时，在地球的另一边，俄亥俄州一个盐矿中的探测器也记录了 8 次类似事件。19 个质子同时自行消失，这种大规模的事件是不可想象的，肯定事出有因。物理学家很快就发现，他们的设备记录了另一种更传统的过程对质子的破坏，该过程就是中微子的轰击。

中微子属于亚原子粒子，在我的研究中至关重要，所以我有必要先详细介绍一下。1931年，奥地利理论物理学家沃尔夫冈·泡利（Wolfgang Pauli）首次提出了中微子存在的观点，以解释被称为 β 衰变的放射性过程中产生的一个问题。在典型的 β 衰变过程中，中子会衰变成质子和电子（质子变成中子，并释放电子）。电子是一种相对较轻的粒子，飞走时携带了巨大能量。问题是，在不同的衰变过程中，电子似乎带有不同的能量，比中子衰变的总能量要少一些。由于总能量在所有情况下都是相同的，而这里的最终能量和初始能量不相等，这种情况肯定是不正常的，能量守恒定律是物理学的基本定律。泡利提出，缺失的能量可能是被一种看不见的粒子转移走了。早期探测这些粒子的尝试都以失败告终。很明显，如果它们真的存在，一定具有难以置信的穿透力。由于任何一种带电粒子都很容易被物质捕获，因此泡利所说的粒子必须是电中性的，因此得名"中微子"。

尽管当时还没有人发现中微子，但理论家已经发现了中微子的很多性质，其中一个与中微子的质量有关。

当涉及快速运动的粒子时，质量的概念就显得很微妙。这是因为物体的质量不是固定的，而是随着物体的速度发生变化。比如，一个重 1 千克的铅球如果以每秒 26 万千米的速度移动，它的重量将会达到 2 千克。这里的关键因素是光速，物体的速度越接近光速，其质量就越大，并且质量的增加没有上限。由于质量会随速度发生变化，所以当物理学家谈论亚原子粒子的质量时，他们指的是亚原子静止时的质量。如果粒子以接近光速的速度运动，其实际质量可能是其静止质量的许多倍，在大型粒子加速器中，循环运动的电子和质子的质量可能是其静止质量的数千倍。

中微子的静止质量源自这一现象：β 衰变事件有时会用所有的可用能量发射电子，不给中微子留下能量。这意味着中微子可以以零能量的状态存在。那么，根据爱因斯坦著名的方程式 $E = mc^2$，能量 E 和质量 m 是相等的，所以零能量对应的是零质量。这意味着中微子的静止质量可能非常小，几乎为零。如果静止质量真的为零，那么中微子将以光速运动。无论如何，中微子很可能是以非常接近光速的速度运动的。

中微子的另一个性质涉及亚原子粒子的自旋方式。科学家发现，中子、质子和电子有自旋。这种自旋的大小有一个固定的值。事实上，这三种粒子的值都是相同的。自旋是角动量的一种形式，遵循角动量守恒定律，该定律是一个基本的能量守恒定律。一方面，当中子衰变时，其自旋必须保留在衰变产物中。如果电子和质子朝同一方向旋转，它们的自旋将相加，使中子的自旋增加两倍。另一方面，如果它们反向旋转，自旋将相减，两者之和为零。然而，无论是哪种方式，单独的电子和质子的总自旋都不可能等于中子的总自旋。但当科学家考虑到中微子的存在时，通过假设中微子具有与其他粒子相同的自旋，就会达到平衡。然后，三个衰变产物中的两个可以朝同一方向旋转，而第三个则反向旋转。

在没有探测到中微子的情况下，物理学家就已经推断出，它一定是一个电荷为零、自旋与电子相同、静止质量很小或者没有静止质量的粒子，与普通物质的相互作用非常微弱，几乎不会留下任何痕迹。简而言之，中微子是一种旋转的幽灵。在泡利推测出存在中微子大约 20 年后，中微子才在实验室中被明确地探测到。它们在核反应堆中的数量非常多，尽管它们难以捉摸，但还是偶尔会被探测到。

中微子的爆发与超新星 1987A 的发现差不多是同步的，毫无疑问，这不仅仅是一个巧合，科学家认为，这两个事件恰恰证实了超新星理论。事实上，中微子的爆发正是天文学家在超新星爆发事件中预期会出现的现象。

在拉丁语中，"新星"的意思是"新的"，但超新星1987A并不是一颗刚诞生的新恒星。事实上，这是一颗旧恒星在一次壮观的爆炸中的死亡。超新星出现在大麦哲伦星云的边缘，这是一个位于大约17万光年之外的微型星系。该星系离银河系非常近，就像银河系的一颗卫星。在南半球，人们可以用肉眼看到它，看起来就像一个模糊的光斑，但若想发现它的各个恒星，就需要大型望远镜。在谢尔顿发现超新星后仅仅几个小时，天文学家就已经确定是拥有数十亿颗恒星的大麦哲伦星云中的哪一颗恒星爆炸了。他们通过检查那片天空以前的照片底片完成了这一壮举。这颗受损的恒星是一颗B3型蓝超巨星，其直径大约是太阳的40倍，它还有另一个名字——桑度列克-69° 202a（Sanduleak-69° 202a）。

20世纪50年代中期，天体物理学家弗雷德·霍伊尔（Fred Hoyle）、威廉·福勒（William Fowler）、吉奥弗莱·霍伊尔（Geoffrey Hoyle）和玛格丽特·伯比奇（Margaret Burbidge）首次提出了恒星可能会爆炸的理论。若想了解恒星是如何遭此大难的，就必须了解它的内部运作原理。太阳是我们最熟悉的恒星。与大多数恒星一样，太阳似乎是不变的。然而，事实是，太阳深陷在与毁灭性力量的持续斗争中。所有的恒星都是由引力连接在一起的气体球体。如果引力是唯一的作用力，它们会因自身巨大的质量发生内爆，并在数小时内消失。之所以没有发生这种现象，是因为恒星内部压缩气体的压力的向外力平衡了引力的向内力。

气体的压力与其温度之间存在一种简单的关系。当固定体积的气体被加热时，压力通常会随着温度的升高而增加。相反，当温度下降时，压力也会下降。恒星内部有着巨大的压力，因为它的温度高达数百万摄氏度。热量是在核聚变反应中产生的。在恒星整个生命周期的大部分时间内，为恒星提供能量的主要反应是通过核聚变将氢转化为氦。这个反应需很高的温度才能克服作用于原子核之间的电斥力。核聚变能可以使一颗恒星维持数十亿年，但燃料迟早会耗尽，到那时，反应堆将会萎缩。当这种情况发生时，压力支撑岌岌可危，恒星将会失去与引力进行长期抗衡的压力。恒星会通过封存其燃料储备来避免引力坍缩，但从恒星表面流向太空深处的每千瓦能量都会加剧其终结的速度。

据估计，太阳上的氢能够燃烧大约 100 亿年。现在，太阳大约 50 亿岁了，已经消耗掉了将近一半的储备能量（暂时不必惊慌）。恒星消耗核燃料的速度与其质量密切相关。较重的恒星燃烧速度要快得多，因为它们更大、更亮，因此会释放出更多的能量。额外的质量会将气体压缩至更高的密度和温度，从而提高熔融反应速度。比如，一颗具有 10 个太阳质量的恒星会在 1 000 万年内燃烧掉其大部分氢。

　　我们来看看大质量恒星的命运。大多数恒星最初主要由氢组成。氢的"燃烧"是通过氢原子核聚变发生的，氢原子核是单个质子，可以形成氦原子核，每个氦原子核由两个质子和两个中子组成。氢"燃烧"是最有效的核能来源，却不是唯一的来源。如果核心温度足够高，氦原子核可以聚变形成碳，而进一步的聚变反应会产生氧、氖和其他元素。一颗大质量的恒星可以产生超过 10 亿摄氏度的内部温度，使这一系列连续的核聚变反应得以进行，但释放的能量却在稳步减少。核聚变反应每锻造一个新元素，释放的能量就会下降一个等级。至此，核燃料消耗得越来越快，直到恒星的成分每月、每天，直至每小时都在发生变化。恒星的内部就像一个洋葱，每层都在以越来越疯狂的速度不断地合成化学元素。从外部来看，恒星的体积会膨胀得异常巨大，比整个太阳系的体积都大，成为天文学家所称的红超巨星。

　　核燃烧链终止于铁元素，铁元素具有特别稳定的核结构。实际上，通过核聚变反应合成比铁元素还重的元素会消耗能量而不是释放能量，因此当恒星合成铁原子核时，就意味着恒星的中心区域不再产生热能，此时引力必然会占尽上风。恒星在灾难性的不稳定边缘摇摆，最终落入自己的引力坑中。

　　这就是恒星内部发生的事，发生的速度很快。恒星无法通过核的燃烧产生热量，无法支撑其自身的质量，在引力作用下强烈收缩，直至原子都被压碎。最终，恒星核区达到原子核的密度，在该密度下，一个顶针的体积将能容纳近万亿吨的物质。在这个阶段，受损恒星内核的直径有 200 千米，核物质的坚固特性会引起恒星内核的反弹。如此强大的引力使得这个巨大的反弹过程只需要几毫秒。当这种巨大的变化在恒星内核展开时，周围的恒星物质层就会在一次突然的灾难性震动中向内核坍缩。在以每秒数万千米的速度向内移动的过程中，数万亿吨的内爆物质遇到了反弹的高度紧凑的内核，比钻石还要坚硬。接下来发生的将是一场剧烈的碰撞，一股巨大的冲击波从恒星内部向外发射。

伴随着冲击波的是巨大的中微子脉冲，它在恒星最后的核转变过程中突然从恒星的内部区域释放出来。在这个转变过程中，恒星中原子的电子和质子被挤压在一起形成中子。恒星的内核实际上变成了一个巨大的中子球。冲击波和中微子一起通过恒星的上覆层向外输送大量能量。当吸收了大部分能量后，恒星外层会在无法想象的、剧烈的核大屠杀中爆炸。在接下来的几天中，这颗恒星会以 100 亿颗太阳的强度发光，几周后才逐渐消失。

在银河系这样的典型星系中，超新星平均每个世纪会出现两到三次，这些超新星都被天文学家记录在册，其中最著名的一个超新星是由中国和阿拉伯观察家在公元 1054 年发现的。今天，这颗破碎的恒星看起来就像一团不规则的膨胀气体云，又被称为蟹状星云。

当超新星 1987A 爆发时，不可见的中微子的闪光照亮了宇宙。这是一种惊人的脉冲，即使距离爆炸有 17 万光年远，地球上每平方厘米还是会被 1 000 亿个中微子穿透。安居乐业的地球居民没有意识到，他们竟然被来自另一个星系的数万亿个粒子瞬间穿透了。位于神冈和俄亥俄州的质子衰变探测器阻止了其中的 19 个中微子，如果没有这个设备，它们将会像 1054 年那样被忽视。

　　尽管超新星爆发意味着恒星的死亡，但爆发本身是具有创造性的。巨大能量的释放非常有效地加热了恒星的外层，因此在短时间内可能发生进一步的核聚变反应，这些反应可能会吸收能量而不是释放能量。除铁以外的重元素，如金、铅和铀，都是在最后的、强度最高的恒星炉中锻造的。这些元素连同在原子核合成早期阶段产生的较轻元素，比如碳和氧，都被炸入太空中，与无数其他超新星的残骸混合在一起。在随后的世纪中，这些重元素被吸收到了新一代的恒星和行星中。没有这些元素的产生和传播，就不可能有像地球这样的行星。赋予生命的碳和氧、银行中的黄金、屋顶上的铅板、核反应堆中的铀燃料之所以能在地球上存在，都要归功于一些恒星在濒临死亡时发出的"呻吟"，而这些恒星在太阳存在之前就已经消失了。谁能得到，组成我们身体的全部原材料都来自死去恒星的核灰烬。

　　超新星爆发并不会完全摧毁恒星。尽管大部分物质被分散，但引发爆炸的内爆核仍保留在原位。然而，它的命运也是危如累卵。如果恒星内核的质量太低，比如相当于一个太阳的质量，那么它将形成一个小城市大小的中子球。最有可能的是，这颗"中子星"将以极快的速度旋转，可能超过每秒 1 000 转，或者是光速的 10%。它之所以会产生这种令人头晕的旋转，是因为内爆极大地放大了原恒星相对缓慢的自转；这与滑冰运动员收回手臂时旋转更快的原理相同。天文学家发现了许多这样快速旋转的中子星。但当物体失去能量时，旋转速度会逐渐减慢。比如，位于蟹状星云中间的一颗中子星的旋转速度现在已经减慢到了每秒 33 转。

如果恒星内核的质量稍大一些，比如有几个太阳的质量那么大，它就不能像中子星那样稳定下来。因为它的引力会非常大，即使是已知最坚硬的物质——中子物质，也无法抵抗进一步的压缩。这一阶段将是一个比超新星爆发更可怕、更灾难性的事件。恒星的内核继续坍缩，不到一毫秒，它就会消失在一个黑洞中。

一颗大质量恒星的命运就是将自身炸成碎片，留下一颗中子星或一个被扩散性喷射气体包围的黑洞。没有人知道有多少恒星已经以这种方式死去，仅在银河系中就可能包含数十亿个这样的恒星残骸。

小时候，我常常担心太阳会爆炸，但现在我知道它根本不会成为一颗超新星，因为它太小了。与庞大的表亲恒星相比，小质量恒星的命运要温和得多。首先，小质量恒星消耗燃料的核聚变过程会以更稳定的速度进行；位于恒星质量范围低端的矮星可能会稳定地发光一万亿年。其次，一颗小质量恒星无法产生足够高的内部温度来合成铁，因此不会引发灾难性的爆炸。

太阳是典型的质量较低的恒星，通过氢燃料稳定地燃烧着，并将内核转变为氦。就核聚变反应而言，氦主要位于不活泼的中央核区，而核聚变发生在内核表面。因此，恒星内核本身无法提供关键的热量，而这些热量足以支撑太阳不出现毁灭性的引力收缩。为了防止坍缩，太阳必须向外扩展核聚变活动，以寻找新的氢。同时，氦内核会逐渐收缩。随着时间的流逝，这些内部变化会导致太阳的外观发生不易察觉的变化——它会膨胀，表面温度略降，变得更红。这种趋势将一直持续到太阳变成一颗红巨星，体积可能是现在的 500 倍大。红巨星是天文学家很熟悉的一类恒星，夜空中几个众所周知的明亮恒星，比如毕宿五、参宿四和大角星，都属于此类。红巨星阶段标志着小质量恒星死亡过程的开始。

虽然红巨星的温度相对较低，但它庞大的体积使其具有巨大的辐射表面，这意味着整体发光度更强。随着热通量的增加，约40亿年后，太阳系的行星将面临一个艰难的时期，比如地球将变得无法居住，海洋被煮沸，大气层被剥离。随着太阳越来越膨胀，它会吞没水星，然后是金星，最后将地球吞噬在其炽热的包围层中。我们的星球将变成灰烬，即使在焚化后仍顽强地围绕着轨道运行。此时太阳炽热气体的密度非常低，条件接近真空，因此对地球的运动几乎不会产生阻力。

我们之所以存在于宇宙中，是因为恒星（比如太阳）具有非凡的稳定性，它可以稳定地燃烧数十上百亿年之久，而其寿命足以使生命发生进化和繁衍。但在红巨星阶段，这种稳定性将被打断。像太阳这样的恒星，其生命中的后继阶段是复杂、不稳定和无规律的，其行为和外表的变化将非常迅速。老化的恒星可能会花费数百万年的时间来脉动或脱离气体外壳。恒星内核的氦可能会被点燃，形成碳、氮和氧，从而提供能让恒星维持更长时间的重要能量。一旦外壳被抛入太空，恒星便不再继续剥落，最后露出的是碳氧内核。

在这一复杂的活动期之后，中、低质量的恒星会不可避免地屈服于引力并开始坍缩。这种坍缩是无情的，一直持续到恒星被压缩到一个小行星的大小，变成天文学家所称的白矮星的天体。因为白矮星非常小，所以它们非常暗淡，尽管它们的表面温度可能比太阳高得多。如果没有望远镜，我们在地球上根本看不到它们。

太阳注定会在遥远的将来变为白矮星。当太阳到达那个阶段时，它还能继续保持高温数十亿年。到那时，太阳庞大的体积将被压缩，它将比最著名的绝缘体更有效地捕获内部热量。然而，由于太阳内部的核熔炉将永远关闭，因此就没有燃料储备来补充缓慢泄漏的热辐射进入冰冷的太空深处。曾经非常强大的太阳留下的矮小残骸会非常缓慢地变冷变暗，直到最后开始变形，逐渐凝固成一个非常坚硬的晶体。最终，它会完全消失，并安静地消失在太空的黑暗中。

THE LAST THREE MINUTES

05
黑夜降临

黑洞是通向宇宙尽头的一条通道，是一条宇宙死胡同，代表着一个无处可去的出口。

　　银河系闪耀着千亿颗恒星的光芒，但每一颗恒星都注定会在将来某日死亡。100亿年后，我们现在能看到的大部分恒星都会因为燃料耗尽而熄灭，从我们的视线中消失，成为热力学第二定律运行过程中的牺牲者。

　　然而，即使这些恒星死亡了，银河系仍将星光闪耀。因为即使曾经的恒星死亡，很快还会有新的恒星补位。在银河系的旋臂中，比如太阳所处的旋臂中，气体云会被引力压缩，继而坍缩、碎裂，最终形成一系列新恒星。这个过程就像正在运作的培育恒星的苗圃，猎户座的一个星群——猎户之剑，就是一个绝佳的例子。猎户之剑的中心有一个模糊的光斑，这个光斑不是一颗恒星而是一团星云，一团布满明亮的年轻恒星的巨大气体云。最近，天文学家对这团星云进行了观测，通过分析它发出的红外辐射而不是可见光，天文学家发现了处于形成初期的恒星，这些恒星仍然被模糊的气体和尘埃包围着，所以并不是很亮。

只要有足够多的气体，银河系的旋臂中就会不断有新恒星形成。银河系的气体一部分来自尚未聚集成型的恒星的原始物质，另一部分是由老年恒星以超新星、星风（stellar wind）、小规模爆炸性喷发或其他过程喷射产生的气体。然而，物质的再循环不会无限期地进行下去。当老恒星消亡并坍缩成白矮星、中子星或黑洞时，这些恒星就无法再补充星际气体。慢慢地，原始物质会融入新生的恒星中，直到完全耗尽。当这些新生的恒星走过了它们的生命周期并死亡时，星系将不可避免地变暗。不过，这个光芒逐渐减淡的过程将会很漫长。最小、最年轻的恒星在耗尽核燃料后坍缩为白矮星的过程需要数十亿年的时间，在经历这个缓慢而痛苦的过程之后，结局依然会到来，永恒的黑夜终将降临。

类似的命运正等待着所有散布在不断膨胀的宇宙裂缝中的其他星系。当前，可见宇宙在核聚变反应产生的巨大能源照耀下星光熠熠，但这宝贵的资源终会耗尽，届时，光明的时代将永远结束。

然而，当宇宙之光熄灭时，宇宙的末日并不会到来，因为还有另一种比核聚变反应更强大的能源在维持着宇宙，它就是引力。在原子层面上，引力虽然是最弱的自然力，但在天文尺度上却是占主导地位的力。与核力不同，引力的作用可能相对温和，但非常持久。数十亿年来，恒星都是靠核聚变反应来支撑自己的，以抵抗自身的质量，引力似乎并没有起到什么作用。一直以来，引力都在等待施展拳脚的时机。

虽然原子核中的两个质子之间的引力仅仅是核力的十万亿亿亿亿分之一（10^{-37}），但这种引力是累积而成的。恒星中每增加一个质子，总质量就会增加，引力也会增强。最终，引力会大过一切其他作用力。这种压倒性的力量是释放巨大力量的钥匙。

没有任何天体能比黑洞更生动有力地说明引力的力量。在黑洞中，引力的作用完胜，能将一颗恒星压得灰飞烟灭，并在周围的时空中留下无限扭曲的印记。关于黑洞，有一个令人着迷的思想实验。想象一下，将一个小物体（比如 100 克重的小球）从很远的地方投进黑洞，它会掉进黑洞中，脱离你的视线，随即消失。然而，当我们聚焦于黑洞的结构时，就会发现小球的痕迹。由于吞噬了重物，黑洞变得更大了。计算表明，如果这个小球从很远的地方落进黑洞，那么黑洞增加的质量就会与小球的初始质量相等，甚至不会有能量或质量逃逸。

我们再来看看另一个实验，在该实验中，小物体朝着黑洞慢慢降落。可以通过以下方式操作完成：将一根绳子固定在小物体上，将绳子穿过滑轮，系到盒子上，然后放开绳子（见图 5-1，假设绳子没有弹性，没有重量，这是习惯假定，为了避免实验复杂化）。小物体降低时会传递能量，这个过程通过转动连接在滑轮上的发电机便能实现。小物体越接近黑洞表面，黑洞施加于小物体的引力就越大，因此小物体的质量会增加，因而小物体对发电机所做的功就越来越大。通过一个简单的计算便可以得出：在小物体到达黑洞表面之前，总共可以将多少能量传递给发动机。在理想情况下，答案是小物体的全部静止质量的能量。

爱因斯坦的著名方程式 $E = mc^2$ 表明，质量为 m 的物体包含的能量大小为 mc^2。换句话说，利用黑洞，我们从理论上可以回收物体的这份能量。比如，对一个重 100 克的小球来说，这份能量意味着大约 30 亿千瓦时的电功率。相比之下，太阳通过核聚变反应燃烧 100 克的燃料，释放的能量还不到这个的 1%。因此从理论上来说，引力能的释放，比作为能源的热核聚变强百倍以上。

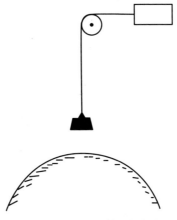

图 5-1　关于黑洞的思想实验

注：在这个理想化的思想实验中，绳子系住的小物体通过一个
　　固定的滑轮系统（图中未显示固定装置）向黑洞表面缓缓
　　下降。下降的小物体会做功，并将能量输送到盒子。当小
　　物体接近黑洞表面时，所传递的总能量接近小物体的全部
　　静止质量的能量。

　　然而，上述这两种人为假设都是不现实的。毫无疑
问，物体会不断地掉进黑洞，绝不会以最有效的方式悬挂在
滑轮上获取能量，而且物体实际释放的静止质量的能量是
0 ～ 100% 的某个值。换言之，物体在不同情况下的能量损
耗各不相同。在过去的几十年中，天体物理学家进行了各种
各样的计算机模拟，并研究了其他一些数学模型，目的就是

解释气体进入黑洞的具体过程，并试图估算所释放能量的大小和形式。虽然气体进入黑洞所涉及的物理过程是非常复杂的，但可以肯定的是，这一过程将会释放出大量的引力能。

一次观测抵得上 1 000 次计算，天文学家已经展开了广泛的搜索，搜索那些可能正在吞噬物质的黑洞。他们还没有找到一个完全令人信服的黑洞存在的证据。不过，天鹅座方向的一个星系中很有可能存在黑洞（这个星系又被称为天鹅座 X-1），线索有两个。一个线索是，通过光学望远镜观察，科学家发现，这个星系中可能存在一颗巨大而炽热的恒星，因其颜色它被称为"蓝巨星"。光谱研究表明，这颗蓝巨星并不孤单，因为它会产生有节奏的摆动，这表明它很有可能正在被附近天体的引力吸引，做着周期性的运动。显然，这颗恒星和另一颗暗天体是在彼此的近地轨道上互相环绕转动的。然而，光学望远镜没有发现这颗伴星的踪迹，所以这颗伴星要么是一个黑洞，要么是一颗非常暗的致密星。这颗伴星是一个黑洞只是一种可能，绝不是证据。

另一个线索来自对这个暗天体质量的估计。只要我们知道了这颗蓝巨星的质量，就可以根据牛顿定律推算出它的伴星的质量，又因为恒星的质量和颜色之间有着密切的关系——蓝色恒星很热，由此可得出这颗蓝巨星的质量很高。计算表明，看不见的伴星的质量是太阳质量的几倍。它显然不是一颗普通的小质量暗天体，而是一颗坍缩的大质量恒星，要么是白矮星，要么是中子星，要么是黑洞。不过，根据一些基本的物理现象推测出，这颗大质量的致密天体不可能是白矮星或者中子星。这个问题与能够粉碎物体的强大引力场有关。只有存在某种足够强大的内部压力来抵消引力的挤压作用，天体才能避免完全坍缩成黑洞。但是，如果坍缩的天体质量有太阳质量的几倍大，那么现在还没有哪种已知的力能够抵抗这种能压碎一切的质量。事实上，如果恒星的内核足够坚硬而不会被压碎，那么物质中的声速就必然会超过光速，这就违背了狭义相对论。所以，大多数物理学家和天文学家认为，在这种情况下，黑洞的形成是必然的。

天鹅座 X-1 中存在黑洞的确凿证据来自另一项完全不同的观察。之所以命名为 X-1，是因为该系统是一种强 X 射线源，人造卫星上携带的传感器能够检测到这种射线源。基于天鹅座 X-1 的暗伴星是一个黑洞的假设，一些理论模型对这些 X 射线做出了令人信服的解释。科学家通过计算得出，黑洞的引力场非常强大，可以吸走蓝巨星上的物质。当气体被吸引向黑洞且被完全吞没时，天鹅座 X-1 的旋转轨道将使下落的物质围绕黑洞旋转，并形成一个圆盘。这种圆盘不完全稳定，因为中心附近的物质围绕黑洞运行的速度比边缘附近物质围绕黑洞运行的速度快得多，而黏性力将试图消除这种差异旋转。结果，气体将被加热到足够高的温度，不仅能发出光，还能发出X射线。最终，轨道能量的损失导致气体慢慢地旋入黑洞。

天鹅座X-1中存在黑洞的证据来自一系列推理，包括观测细节和理论模型。这是当今许多宇宙学研究的典型特征。虽然单一的证据不足以服人，但关于天鹅座X-1和其他一些类似系统的各种研究加在一起，可以有力地证明黑洞存在的可能性。无论如何，黑洞的解释是最简洁、最自然的。

综上所述，黑洞越大，其活动所产生的效应也就越壮观。现在看来，许多星系的中心很可能都包含超大质量的黑洞，这个结论的推测依据是这些星系核心中的恒星所表现出的快速运动。很显然，恒星正被吸引向一个具有强烈吸引力、高度致密的物体。据估计，这类天体的质量可能为1 000万～10亿个太阳质量，如此大的质量使得这类天体可能对漂浮在附近的任何物质张开贪婪的大嘴，恒星、行星、气体和尘埃都可能被这些怪物捕获。在某些情况下，吸引过程中的暴力行为足以破坏整个星系的结构。天文学家对各种各样的活跃星系核都非常熟悉。有些星系呈现出爆炸的状态，更多的活跃星系是强大的无线电波、X射线和其他形式能量的来源，最有特色的是这样一类活跃星系，它们在数千年甚至数百万光年的时间长度上产生了巨大的气体喷射，其中一些此类天体的能量输出大到惊人。比如，非常遥远的类星体可能会释放出多达数千个星系的能量，但这类天体的直径只有一光年，它们看起来更像恒星。

许多天文学家都相信，这些被严重破坏的天体的中央引擎都是一些巨大的旋转黑洞，它们正在吞噬附近的物质。任何恒星靠近黑洞，都有可能被它的引力撕裂，或与其他恒星碰撞而破碎。就像天鹅座 X-1 那样，分布的物质可能会形成一个尺度更大的热气体盘，绕着黑洞运行并缓慢向内下沉。1994 年 5 月，有报道称，哈勃空间望远镜在星系 MB7 的中心发现了一个快速旋转的气体盘。观察结果表明，那里极有可能存在着一个超大质量的黑洞。

可能会发生这样的情况：从流入黑洞的气体盘中释放出的大量能量沿着黑洞的自转轴释放出来，产生一对方向相反的射流，正如人们经常观察到的那样。这种能量释放和射流的形成机制可能非常复杂，不仅涉及引力，还涉及电磁力、黏性力和其他力。这个主题一直是许多理论和观测工作的研究重点。

　　银河系的未来会如何呢？它是否也会以这种方式被破坏？银河系的中心位于距离地球有 3 万光年的人马座，该中心区域被大量的气体和尘埃遮蔽，天文学家利用无线电、X 射线、伽马射线和红外仪等测量手段，已经确定那里存在一个高致密度、能量巨大的天体，被称为人马座 A*。虽然人马座 A* 的直径不超过几十亿千米（按照天文标准，这很小），却是银河系中最强大的射电源，它的位置与一个非常强烈的红外线源的位置重合，并与一个不同寻常的 X 射线物体靠得很近。尽管那里情况很复杂，但天文学家能肯定至少有一个巨大的黑洞潜伏在那里，而且它至少可以解释一些现象。然而，这个黑洞的质量可能不超过 1 000 万个太阳的质量，处于超大质量范围的下限。天文学家也没有在这个黑洞中发现，发生在其他一些星系核中的那种剧烈的能量和物质发射，这也可能是因为该黑洞目前处于静止状态。在未来的某个阶段，如果它获得了更多的补充气体，就可能会被激活，不过，这个黑洞可能不会像许多其他已知的星系那样具有破坏性。至于这种激活会对星系旋臂上的恒星和行星产生什么影响，我们尚不清楚。

　　只要黑洞附近有物质供给，黑洞就会继续释放被吞噬物的静止质量的能量。随着时间的推移，越来越多的物质会被黑洞吞噬，因此黑洞会变得越来越大，越来越容易吸收周围的物体。即使在非常遥远的轨道上绕着黑洞运行的恒星，最终也难逃被吞噬的厄运，原因来自一种非常微弱但起决定作用的现象——引力辐射。

　　1915 年，爱因斯坦提出了广义相对论，不久之后，通过对该理论引力场方程的研究，他发现了引力场的一个显著特性：这些引力场方程预测了以真空中光速的速度传播的引力波的存在。这种波以引力辐射的形式传播，容易使人联想到电磁辐射，比如光波和无线电波。然而，尽管引力辐射能携带大量的能量，但引力辐射作用于物质的强度不同于电磁辐射。无线电波很容易被诸如金属丝网这样的小巧结构吸收，但引力波的作用非常微弱，它可以直接穿过地球而几无损耗。如果能制造出一个引力激光器，那么煮沸一壶水则需要 1 万亿千瓦的射束，效率相当于 1 000 瓦的电热丝。引力辐射较弱是因为，目前为止，引力是自然界已知力中最弱的。比如，一个原子的引力与电力之比约为 $1:10^{40}$。我们发现引力的唯一原因是它的累积效应。所以，引力在行星这种大型天体中占据主导地位。

　　引力辐射的作用不仅极其微弱，而且它们的产物也十分微弱。从原则上来说，只要质量受到干扰，就会产生引力辐射。比如，地球围绕太阳的运动会发射连续的引力波，但总输出功率仅为 1 毫瓦！这种能量损耗会导致地球轨道衰变，但衰变的速度极其缓慢：每 10 年大约减小 1 000 万亿分之一厘米。

　　对于接近光速运动的大质量天体来说，情况就截然不同了。有两种现象可能会导致重要的引力辐射效应。一种现象是突然发生的激烈事件，比如，超新星爆发，或者恒星坍缩形成黑洞。这样的事件会产生一个短暂的脉冲式引力辐射，虽然可能会持续几微秒，但能带走 10^{44} 焦耳的能量（太阳的热输出约为每秒 3×10^{26} 焦耳）。另一种现象是轨道上的大质量天体彼此做高速互绕运动。比如，一个间隔紧密的双星系统将产生大量连续的引力辐射。如果轨道上的两颗恒星是坍缩天体，比如中子星或者黑洞，那么这个过程将会产生巨量的引力辐射。天鹰座中就有两颗做轨道互绕运动的中子星，两星之间的轨道距离只有几百万千米，它们的引力场极其强，8 小时就可以转动一周，所以这两颗恒星的运动速度接近光速。这种异常快速的运动极大地增强了引力波的发射率，我们可以据此测量出轨道每年的衰减量（运动周期约改变 75 微秒）。随着这两颗恒星向内盘旋接近，引力波的发射率将逐渐上升，这就注定了它们将会在 3 亿年后发生碰撞。

天文学家估计，在每个星系中，这种双星系统合并事件大约每 10 万年发生一次。这种天体密度极大，引力场极强，在恒星撞击前的最后时刻，它们会以每秒数千圈的速度做互绕运动。与此同时，引力波的频率将剧增，并发出独有的"滋滋"声。爱因斯坦的方程式预测，在这个最后阶段，引力输出功率极其巨大，轨道将会迅速坍缩。同时，恒星的形状将被相互的引力严重扭曲，因此当它们接触时，外形看起来就像巨大的旋转雪茄。这两颗恒星最后的合并将会极其混乱，会旋转形成一个复杂的、疯狂跳跃的团儿，发出大量的引力辐射，直到它变成一个大致呈球形的形状，像一个具有独特振动模式的巨大的钟一样响亮和摇晃。这种振荡也会产生一定量的引力辐射。这个球形的天体会消耗更多能量，直到它安静下来，最终变成毫无生气的天体。

虽然引力辐射的能量损失率相对较低，但它的发射很可能对宇宙结构产生长期深远的影响。科学家必须通过观察来证实他们对引力辐射的看法。对天鹰座中双中子星系统的研究表明，其轨道正在减小，衰变速度与爱因斯坦理论预测的速度一致。虽然该系统为引力辐射的发射提供了直接的证据，但更具有决定性作用的是在实验室中检测到这种辐射。许多研究小组已经建造了设备来记录一系列引力波爆发时转瞬即逝的信息，但迄今为止，这些设备都因为不够灵敏，没有探测到任何引力波。我们很可能要等到新一代的探测器诞生时，才能充分证明引力波的存在。①

两个中子星的合并可能会产生一个更大的中子星或者黑洞。一颗中子星和一个黑洞，或者两个黑洞的合并，则必然会产生一个黑洞。类似于中子星双星的合并过程同样伴随着引力波能量的损失，随后是复杂的振动和摇摆运动，这些运动会因引力波能量的损失慢慢地减弱。

探索两个黑洞在合并过程中释放的引力能的理论极限是极为有趣的。20 世纪 70 年代早期，罗杰·彭罗斯（Roger Penrose）、斯蒂芬·霍金、布兰登·卡特（Brandon Carter）、雷莫·鲁菲尼（Remo Ruffini）、拉里·斯马尔（Larry Smarr）

---

① 在作者写作本书时，科学家还没有探测到引力波，但作者的预测实现了，2015 年 9 月 14 日，LIGO 探测器探测到了第一个引力波信号。——编者注

和其他科学家一起提出了有关这种合并过程的理论。如果两个黑洞是非旋转的，且质量相同，则可以释放出约 29% 的总静止质量能。如果黑洞在某种程度上受到控制，比如受到某种先进技术的控制，那么合并产生的能量就不一定完全以引力辐射的形式存在。事实上，在自然合并过程中，释放的大部分能量本就该以这种高度不显眼的形式存在。如果这些黑洞以物理定律允许的最大速度旋转（粗略地说，就是以光速），并以反向旋转的方式沿着它们的旋转轴合并，那么就会释放 50% 的能量。

即使合并释放的能量达到这么大的比例，但这还不是理论上的最大值。最大的可能是，黑洞会携带电荷。带电黑洞既有电场也有引力场，两者都能储存能量。如果带正电荷的黑洞遇到带负电荷的黑洞，就会发生"放电"现象，这个过程会同时释放电磁能和引力能。

一个给定质量的黑洞只能携带一个不超过某个最大值的电荷量，因此这种放电是有极限的。对于无自转的黑洞，电荷量的极限值是由以下因素决定的。假定有两个相同的黑洞带有等量的电荷，黑洞的引力场会在它们之间产生引力，而电场则会产生排斥力（类似于电荷相斥）。当荷质比达到某个临界值时，这两个相反的力将完全达到平衡状态，两个黑洞之间便没有净力。正是这个条件决定了黑洞所能容纳的电荷量的极限。你可能想知道，如果黑洞的电荷量超过这个极限值会发生什么。一种方法是迫使更多的电荷进入黑洞。虽然这种做法有助于增加电荷量，但克服电斥力的过程中会消耗能量，而这些能量会被传递到黑洞中。因为能量当中也蕴藏着质量（记住质能方程式 $E = mc^2$），所以当黑洞的质量增大时，黑洞的体积也随之增大。简单的计算表明，在这个过程中，质量的增加超过了电荷量的增加，因此荷质比实际上减少了，试图打破极限的尝试将以失败告终。

带电黑洞的电场会使黑洞的总质量增加。对于携带最大电荷量的黑洞来说，电场代表了一半的质量。如果两个无自转的黑洞都携带有最大电荷量，但电荷符号相反，那么它们彼此之间存在两种吸引力：引力吸引力和电场吸引力。当它们合并时，电荷将中和，而电能就可以释放出来。从理论上来说，电能可以达到该系统总质量能的 50%。

如果两个黑洞都在自转，并且它们携带着相反的最大电荷量，那么每个黑洞所能释放的电能都将达到最大值。这样就可以释放出总质量能的 2/3。当然，这些数值仅在理论上有意义，因为在实践中，黑洞不太可能携带大量电荷，并且两个黑洞也不可能以最佳方式合并，除非有先进的社会技术在进行巧妙的控制。然而，即使两个黑洞的合并效率很低，也有可能瞬间释放出两个天体总质量能的一大部分能量。在恒星数十上百亿年的生命中，通过核聚变反应大约释放了1% 的质量能，相比之下，这点儿质量能就微不足道了。

引力作用的重要意义在于，一颗燃烧殆尽的恒星非但不会死亡，还有可能以坍缩残骸的形式释放出巨大的能量，甚至远超当初它作为灼热的气体球时通过核聚变释放出的能量。大约几十年前，人们就已经认识到了这个事实，物理学家约翰·惠勒（John Wheeler，他第一个提出"黑洞"一词）设想了一种文明。这种文明因为不断增长的能量需求放弃了恒星，移居到了一个自转的黑洞周围。每天，这个文明产生的废弃物都被装上了卡车，然后按照一个精心计算过的轨迹被送进黑洞。在靠近洞口的地方，卡车上的废弃物被卸下来并倒进黑洞，通过这种方式，垃圾被永久地处理掉了。被倾倒的废弃物沿着与黑洞的自转方向相反的路径运动，会产生轻微制动旋转的效果。在这个过程中，黑洞的自转能被释放出来，并被这个文明世界用来为其工业提供能源。因此，这个过程具有彻底消除废弃物并将它们转化成能源的双重优

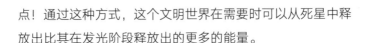

点！通过这种方式，这个文明世界在需要时可以从死星中释放出比其在发光阶段释放出的更多的能量。

　　尽管利用黑洞的能量仅仅是科幻小说中的场景，但许多物质最终都会进入黑洞，要么恒星坍缩形成黑洞的一部分，要么成为在一次偶遇中被吞噬的碎片。每当我做关于黑洞的讲座时，人们总是想知道进入黑洞的东西会遭遇什么。但很遗憾，我们无从得知。我们对黑洞的理解几乎完全基于理论上的考虑和数学模型。根据定义，我们无法从外部观测到黑洞的内部，所以即使我们对黑洞有很好的观察通道（事实上并没有），也无法知道它内部发生了什么。不过，既然相对论一开始就预言了黑洞的存在，那么也可以用来预测落入黑洞的宇航员会发生什么。

　　黑洞的表面实际上只是一个数学结构，那里没有真正的膜，只有空旷的空间。下落的宇航员进入黑洞时，根本不会发现什么特别之处。但这个表面也具有某种戏剧性的物理意义。黑洞里的引力非常强，它能捕获光线，将向外跑的光子重新拉回来。这意味着光无法从黑洞中逃逸，这也解释了为什么黑洞从外面看起来是黑色的。没有任何一种物体或信息能比光传播得更快，所以一旦越过这个边界，任何东西都无法逃离黑洞。黑洞内发生的事件对外部观察者来说永远是一个谜。黑洞的表面被称为"事件视界"，因为它将外部的事件（可以从远处看到）与内部的事件（不能从远处看到）分隔开来。但是，这种视界只是单向的。事件视界内的宇航员仍然可以看到外面的宇宙，即使外面没有人能看到宇航员。

当宇航员越来越深入黑洞时，引力场也会变得越来越强，由此产生的一个影响是，他的身体会变形。如果宇航员先用脚着地，那么他的脚会比头部更靠近黑洞的中心，因为那里的引力更强。最终，宇航员的脚会被更大的力拉扯，身体被也会被纵向拉伸。同时，肩膀被拉向黑洞中心，整体看来，宇航员将被侧向挤压。这种拉伸和挤压过程有时被称为"意大利面化"（spaghettification）。

理论研究表明，在黑洞的中心，引力的增强是没有上限的。由于引力场表现为时空的弯曲，或者翘曲，如果引力不断增强，时空就会更加扭曲，并且没有上限。数学家将这一特征称为时空奇点，它代表空间和时间的边界或边缘，穿过这个边界，正常的时空概念将不复存在。许多物理学家认为，黑洞内的这个奇点代表着时空的真正终结，任何遇到它的物质都会被完全抹去。如果是这样的话，那么组成宇航员身体的原子会在 1 纳秒意大利面化的过程中消失在这个奇点中。

如果黑洞的质量为 1 000 万个太阳的质量，与银河系中心可能存在且不旋转的黑洞质量相同，那么宇航员从事件视界坠落到湮灭奇点的时间大约为 3 分钟。这最后的 3 分钟肯定非常不舒服。事实上，在奇点到来之前，意大利面化过程就已经杀死了这个倒霉的人。在最后阶段，宇航员无论如何都无法看到那个致命的奇点，因为光线无法从奇点中逃逸。如果我们讨论的黑洞的质量只有 1 个太阳质量，那么它的半径约为 3 千米，从事件视界到奇点的旅程只需几微秒。

虽然从坠落宇航员的参考系来看，毁灭的过程非常快，但从远处看，黑洞的时间扭曲会使宇航员的最后旅程呈现为一种慢动作。当宇航员接近事件视界时，在遥远的观察者看来，附近事件发生的速度越来越慢，仿佛宇航员到达事件视界需要无限长的时间。因此，宇航员仅在一阵疾驰中便经历了相当于外部宇宙中无穷无尽的时间。从这个意义上来说，黑洞是通向宇宙尽头的一条通道，是一条宇宙死胡同，代表着一个无处可去的出口。黑洞是一个包含了时间尽头的狭小空间。那些对宇宙的终结感到好奇的人，只要跳入黑洞就能亲身体验到。

虽然引力是迄今为止最微弱的自然力，但它的潜在和累积作用不仅决定了单个天体的最终命运，而且决定了整个宇宙的最终命运。摧毁恒星的无情引力同样能作用于比恒星尺度更大的整个宇宙。这种结果微妙地取决于产生引力的物质总质量。为了找到答案，我们必须称出宇宙的质量。

THE LAST THREE MINUTES

06
称称宇宙的质量

如何称出宇宙的质量？这似乎是一项艰巨的任务，因为我们无法对其进行直接测量。不过，我们可以用引力理论来推导出结果。

　　人们常说有上必有下。地心引力的作用是阻止投向天空的物体继续飞行，并将其拉回到地球上。但情况并不总是这样的。如果物体移动得足够快，它就可以脱离地球的引力，飞到太空中，永远不回来。发射宇宙飞船的火箭就达到了这样的速度。

　　地球的临界"逃逸速度"约为每秒 11.2 千米，比协和式飞机快 20 倍以上。这个临界数值是借由地球的质量（即地球所含物质的总质量）和地球的半径推导出的。给定质量的物体越小，其表面引力就越大。逃离太阳系意味着要克服太阳的引力，所需的逃逸速度为每秒 617.7 千米。逃离银河系也需要每秒几百千米的速度。而逃离中子星这样的致密天体所需的速度是每秒数万千米，逃离黑洞所需的速度是光速（每秒 30 万千米）。

　　那么，逃离宇宙的速度是多少呢？正如我在第 2 章指

096 宇宙的最后三分钟 The Last Three Minutes

出的，宇宙似乎没有边界，逃逸无从谈起。但如果我们假定它有边界，并且位于我们可观察到的极限（大约离我们150亿光年远），那么逃逸速度将约等于光速。这是一个非常重要的结论，因为最遥远的星系似乎正以接近光速的速度远离我们。从表面上来看，这些星系似乎飞得极快，可能真的是在逃离宇宙，或者至少在远离彼此，永不返回。

尽管没有明确的边界，但膨胀宇宙的行为方式与从地球上投射出的物体的行为方式非常相似。一方面，如果膨胀速度足够大，退行中的星系就会脱离宇宙中所有其他物质的累积引力而逃逸出去，膨胀就会永远持续下去。另一方面，如果速度太慢，膨胀最终将停止，宇宙将开始坍缩。然后，星系将再次"掉下来"，随着整个宇宙的坍缩，宇宙的终极灾难将随之发生。

以上哪种情况会发生呢？答案取决于两个量的大小。第一个量是膨胀速度，第二个量是宇宙的总引力，即宇宙的质量。引力越大，宇宙必须越快膨胀才能克服这种引力。天文学家可以通过观测红移现象来直接测量宇宙的膨胀速度。然而，这个问题的答案仍然存在争议，而测量第二个量——宇宙的质量，更是一个棘手的问题。

　　如何称出宇宙的质量？这似乎是一项艰巨的任务，因为我们无法对其进行直接测量。不过，我们可以用引力理论来推导结果。计算出质量的下限值是很容易做到的。我们可以通过测量太阳对行星的引力，称出太阳的质量。银河系大约有 1 000 亿颗恒星，每颗恒星的质量等同于一个太阳的质量，由此，我们就得到了银河系质量的大概下限值。虽然我们目前可以推算出宇宙中有多少个星系，但不能简单地将每个星系的质量相加，因为宇宙中的星系太多了，比较合理的估计是 100 亿个。因此宇宙总质量为 10^{21} 个太阳，重约 10^{48} 吨。根据星系群的半径为 10 亿光年，我们可以计算出宇宙逃逸速度的最小值：约为光速的 1%。由此，我们可以得出这样的结论：如果宇宙的质量只由恒星决定，那么宇宙就可以摆脱自身的引力，永远膨胀。

　　虽然许多科学家对此深信不疑，但并非所有的天文学家和宇宙学家都相信这些计算是正确的。我们看到的宇宙物质比实际存在的要少，因为宇宙中并非所有的天体都在发光，诸如暗星、行星和黑洞等暗天体，这些天体中的大多数并没有引起我们的注意。宇宙中还有更多不起眼的尘埃和气体，而星系之间的空间也存在物质，比如大量稀薄的气体。

还有一个更有趣的可能性已经让天文学家兴奋了好几年。宇宙起源于大爆炸，它是我们所看到的所有物质的来源，也是我们看不到的许多物质的来源。如果宇宙最初是由亚原子粒子组成的热汤，那么除了组成普通物质的电子、质子和中子之外，其他各种粒子（由粒子物理学家在实验室中发现）必定也会被大批量创造出来。有大部分粒子高度不稳定，很快就会衰变，但有些粒子作为宇宙起源的遗迹一直存在到现在。

　　在这些遗迹中，最重要的是中微子，这些幽灵般的粒子的活动已在超新星中被发现。据我们所知，中微子不能衰变成其他任何东西①。因此，我们可以预测出宇宙沐浴在宇宙大爆炸遗留下来的中微子海洋中。假定原始宇宙的能量在所有亚原子粒子中被均分，我们就可以计算出宇宙中总共有多少中微子。答案是，每立方厘米空间中大约有 100 万个中微子，或者说每一个普通物质颗粒中大约有 10 亿个中微子。

　　我一直对这个非凡的结论着迷不已。在任何时刻，都会有 1 000 亿个中微子正在穿越每个人的身体，几乎全是大爆

---

① 实际上，宇宙中存在三种不同类型的中微子，它们可能会相互转换，但我想先忽略这一复杂性。

炸的遗迹，而且这些遗迹自存在的第一毫秒就被保存下来，几乎未受破坏。因为中微子以光速或接近光速运动，所以它们会飞快地穿过你，每时每刻都会有 1 000 亿个中微子穿透你！因为中微子与普通物质的相互作用非常微弱，所以我们完全不会注意到这种持续的侵入，在有生之年，甚至可能没有一个中微子会留在你的身体内。如此众多的中微子遍布整个看似空旷的空间，可能会对宇宙最终的命运产生深远的影响。

尽管中微子的相互作用非常微弱，但它们确实与所有粒子一样产生了引力。它们可能不会经常大幅度地推拉周围其他物质，但它们的间接引力效应增加了宇宙的总质量。为了确定中微子对宇宙质量有多大的贡献，我们有必要先搞清楚中微子的质量。

在引力这方面，重要的是实际质量，而非静止质量。因为中微子的运动速度接近光速，所以即使它们的静止质量很小，实际质量也可能很大。事实上，它们的静止质量甚至可能为零，并以光速精确地运动。如果是这样，我们可以通过参考它们的能量来确定它们的实际质量。对于遗留在宇宙中的中微子来说，它们的能量可以从大爆炸中所获的能量中推导出来，同时必须考虑宇宙膨胀的衰减效应并予以修正。结果表明，静止质量为零的中微子不会对宇宙的总质量产生显著影响。

但我们不能确定中微子的静止质量是否为零，也不能确定三种中微子的静止质量是否都相同。我们目前对中微子理论的理解并不能排除中微子具有有限的静止质量。若想确定具体情况，就需要实验来证明。我们知道，如果中微子确实有静止质量，那么它肯定比任何其他已知粒子的静止质量小得多。然而，宇宙中的中微子如此之多，即使很小的静止质量也会对宇宙的总质量产生很大的影响。这就需要仔细权衡。即使中微子的质量只有电子质量的千分之一（已知最轻的粒子），也足以产生巨大的影响，因为中微子的总质量将超过所有恒星的总质量。

若想检测这么小的静止质量是非常困难的，并且实验结果一直互相矛盾，令人感到困惑。而对超新星 1987A 的中微子的探测提供了一个重要线索。一方面，如前所述，如果中微子的静止质量为零，那么所有的中微子都必须全部以光速运动。另一方面，如果中微子有一个很小但非零的静止质量，那么其运动速度就会有确定范围。来自超新星的中微子可能非常活跃，因此即使它们的静止质量非零，也会以非常接近光速的速度运动。由于中微子会在太空中旅行很长一段时间，所以，即使速度变化微小，该变化也会引起到达地球的时间的变化，这些变化是可测量的。通过研究超新星1987A中的中微子随时间扩散的程度，可以将其静止质量的上限设定为电子质量的约三万分之一。

实际情况更加复杂，因为已知的中微子有多种类型。静止质量的大多数测定都是按照最初由沃尔夫冈·泡利假设的中微子进行的，但自从泡利发现中微子以来，人们已经发现了第二种中微子，第三种中微子也相继被发现。这三种中微子都是在大爆炸中被大量创造出来的。我们很难直接确定其他两种中微子的质量范围。实验表明，可能的数值范围很广，目前理论家的想法是，中微子可能并不会主导宇宙的质量。根据最新的针对中微子质量的实验测定结果，这种观点很容易被推翻。

更为复杂的是，中微子不是估算宇宙质量时唯一要考虑的宇宙遗迹元素。大爆炸发生时还产生了其他稳定的、弱相互作用的粒子，它们的质量也许更大，被称为弱相互作用大质量粒子（Weakly Interacting Massive Particles，简

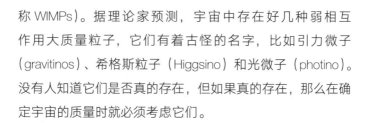

称 WIMPs）。据理论家预测，宇宙中存在好几种弱相互作用大质量粒子，它们有着古怪的名字，比如引力微子（gravitinos）、希格斯粒子（Higgsino）和光微子（photino）。没有人知道它们是否真的存在，但如果真的存在，那么在确定宇宙的质量时就必须考虑它们。

我们可以通过假设弱相互作用大质量粒子与普通物质相互作用的方式，直接测量它们是否存在。尽管这种相互作用非常微弱，但弱相互作用大质量粒子的大质量使这些粒子具有很强的冲击力。为此，在英格兰东北部的一个盐矿和旧金山附近的一个大坝中，研究人员进行了相关实验，目的是发现经过的弱相互作用大质量粒子。假设宇宙中充满了弱相互作用大质量粒子，那么每时每刻都会有大量这样的粒子穿过我们的身体和地球。这个实验的原理令人难以置信，因为它需要探测出弱相互作用大质量粒子撞击原子核时发出的声音。

该实验的仪器由冷却系统中的锗晶体或硅晶体组成。如果有一个弱相互作用大质量粒子撞击到晶体中的一个原子核，它的动量将导致原子核反冲。这种突然的冲击会在晶体中产生微小的声波，也就是晶体振动。随着波的传播，它将衰减并转化为热能。该实验旨在探测与衰减声波有关的微小热脉冲。由于晶体被冷却到接近绝对零度，因此探测器对任何热能的注入都极为敏感。

　　理论家推测，星系被淹没在大量缓慢移动的弱相互作用大质量粒子中，其质量可能是 1 个质子质量到 1 000 个质子质量，平均速度为每秒几千千米。当太阳系绕着银河系运行时，它会扫过这片看不见的海洋，地球上的每千克物质每天可以散射多达 1 000 个弱相互作用大质量粒子的能量。鉴于此事件的发生频率，直接检测出弱相互作用大质量粒子应该是可行的。

　　在继续寻找弱相互作用大质量粒子的同时，天文学家也在着手解决宇宙质量的问题。即使一个物体不能被看见或者听见，它的引力效应仍然是显而易见的。比如，海王星的发现是因为天文学家注意到天王星的轨道正受到未知天体引力的干扰。围绕亮星天狼星旋转的暗白矮星伴星天狼星 B 也是这样被发现的。因此，通过监测可见天体的运动，天文学家也可以建立任何不可见物质的图像，而前文中已经解释过这种技术是如何促使人们怀疑天鹅座 X-1 中可能存在黑洞的了。

在过去的 10 年或 20 年中，我们对银河系中恒星的运动方式进行了仔细的研究。恒星围绕银河系中心运转一周通常需要超过 2 亿年。银河系的形状很像一个圆盘，中心附近聚集着一大团恒星。因此，银河系与太阳系有着粗略的相似之处；不过，水星和金星等内行星比天王星和海王星等外行星运动得更快，因为内部行星受到来自太阳的引力吸引更强。你可能也期望这条规则适用于银河系：靠近银河系外围的恒星的运动速度应该比靠近银河系中心的恒星的速度要慢得多。

然而，观察结果与此相反。在整个银河系内，所有恒星都在以相同的速度运动。对此的解释只可能是，银河系的质量不是集中在中央，而是或多或少地均匀分布的。看上去银河系的质量好像集中在中央附近这一事实说明，发光物质仅仅反映了真实情况的一部分。很显然，银河系中存在很多暗物质或者不可见的物质，其中大部分存在于银河系的外围，从而加速了该区域内的恒星运动。甚至可能有大量的暗物质超出了银河系的可见边缘和整个发光盘的平面，将银河系包裹在一个不可见的巨大光晕中，这个光晕一直延伸到星系际空间。在其他星系中，天文学家也观察到了类似的运动。测量表明，星系可见区域的平均质量是其亮度所反映质量的（与太阳相比）的 10 倍以上，这一比例在最外层区域甚至上升到了 5 000 倍以上。

　　对星系团内星系运动的研究也得出了同样的结论。显然，如果星系运动的速度足够快，它将会逃脱星系团的引力束缚。如果星系团中的所有星系移动的速度都这么快，星系团就会很快解体。然而，通过对位于后发座星系团中一个由几百个星系组成的星系团的研究，科学家却得出了不同的结论。后发座星系团运转的平均速度太大了，星系团应该无法保持在一起，但情况并非这样。该星系团至少包含质量是发光物质质量 300 倍的物质，否则该星系团无法长期存在。一个典型的星系穿过后发座星系团只需要 10 亿年左右，所以到目前为止，该星系团有足够的时间分解。然而这种情况并没有发生，而且星系团的结构好像被引力束缚住了。似乎存在大量某种形式的暗物质，影响着星系的运动。

　　对宇宙更大尺度结构的研究进一步说明了暗物质的存在，在这个结构中，星系团和超星系团聚集在一起。如第 3 章所述，星系的分布方式很容易让人联想到气泡，它们呈丝状排列或铺开成巨大的薄片，包围着巨大的空洞。如果没有暗物质的额外引力作用，这样一个团块样的气泡状结构就不可能在大爆炸发生后到现在的时间内出现。但是，直到我撰写这本书时，科学家都无法用任何一种简单形式的暗物质，通过计算机模拟产生之前观察到的气泡结构，这可能意味着需要某种复杂的混合型暗物质。

最近，奇异的亚原子粒子作为暗物质的候选成功地引起了科学家的注意，不过这种亚原子粒子以更常见的形式存在也不无可能，比如行星尺度的物质或暗物质。这些暗物质可能非常之多，可能成群结队地在太空中漫游，而我们对此一无所知。天文学家近来找到了一种方法，它能提示不受可见天体引力束缚的暗天体的存在。这个方法利用了爱因斯坦广义相对论得到的一个结果，即引力透镜效应。

这个方法基于这样一个事实：引力可以弯曲光线。爱因斯坦曾经预言，如果一束光从太阳附近经过，会发生轻微的弯曲，使恒星在天空中的视位置发生位移。通过比较一颗恒星在太阳附近的位置和在没有太阳的情况下的位置，我们就可以检验爱因斯坦的预测结果。1919 年，英国天文学家阿瑟·爱丁顿（Arthur Eddington）首次做了这种检验，并出色地证实了爱因斯坦的理论。

引力透镜效应会使光线发生弯曲，因此也能使光线聚焦形成图像。如果一个巨大的天体足够对称，它就可以像透镜一样，将来自远处的光聚焦。图 6-1 就展示了这种情况。来自光源 S 的光落在一个球形天体上。天体的引力使它周围的光线弯曲，并将其导向远侧的焦点。对大多数天体而言，这种弯曲效应非常小，但在天文学距离上，即使光线路径出现轻微的弯曲，最终也会产生焦点。如果天体位于地球和遥远的光源 S 之间，则该效应将使 S 的图像极大地增亮，或者在视线精确的特殊情况下，以明亮的爱因斯坦环的形式出现。对于形状更复杂的物体，透镜最有可能产生多重图像，而不是单一的聚焦图像。地球和遥远的类星体之间近乎完美地排列在一起，差不多恰好位于同一视线方向，促成了引力透镜的形成。天文学家在宇宙尺度上已经发现了许多这样与大质量星系有关的引力透镜，使遥远的类星体形成多重图像，在某些情况下还产生了弧和整个类星光圈。

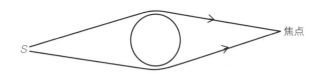

图 6-1　引力透镜效应

注：大质量天体（图中的球）的引力使来自远处光源 S 的光线
　　发生弯曲。在适当的条件下，这种作用会产生聚焦效应。
　　在焦点处的观察者会看到该天体周围出现一个光圈。

天文学家在寻找暗行星和暗淡矮星的过程中，极力寻求引力透镜效应的迹象。如果暗行星或者暗淡矮星位于地球和恒星之间，就会发生引力透镜效应，天文学家便可捕捉到这种信号。当暗天体穿过视线时，恒星的图像将以一种独特的方式出现亮度时强时弱的现象。虽然天体本身依然无法被看到，但我们可以从引力透镜效应中推断出它的存在。一些天文学家正在利用这项技术寻找银河系光晕中的暗天体。就算暗天体与遥远的恒星精确对齐，但它们恰好位于同一视线方向上的概率非常小。不过，如果有足够多的暗天体存在，应该能观测到引力透镜效应。1993 年年底，在澳大利亚新南威尔士州的斯特罗姆洛山天文台，一个由澳大利亚人和美国人组成的联合小组在大麦哲伦星云中观测到了类似的引力透镜效应。报告称，这是银河系光环中一颗矮星引力透镜效应的第一个明确的例子。

　　黑洞也能产生引力透镜效应，科学家已经借助银河系外的射电源（透镜对射电波的作用方式与光波相同）进行了广泛的搜索，以探查黑洞的数量。结果发现，可能的候选天体少之又少，这就说明，用恒星或星系级质量的黑洞不能解释为什么存在大量暗物质。

　　并非所有的黑洞都能通过引力透镜效应探测到。在大爆炸发生后不久，宇宙中的极端条件很可能一度十分盛行，这促成了微小黑洞的形成，其大小也许比原子核大不了多少，质量相当于小行星，大量这样的黑洞以这种微小的形式非常有效地隐藏起来，遍布于整个宇宙。令人惊讶的是，我们有可能通过观测来确定这些怪异实体的数量范围。原因与霍金效应有关，我将在第7章对此做适当的解释。简而言之，微小黑洞的爆炸可能表现为带电粒子阵雨。黑洞爆炸发生在一定的时间之后，其时间长短取决于黑洞的大小：黑洞越小，爆炸得越早。具有小行星质量的黑洞将在100亿年后爆炸，大约就是现在。这种爆炸产生的一个效应是，产生突发性的射脉冲。射电天文学家一直在检测这种脉冲。因为至今还没有检测到任何可能的脉冲，由此可推测得出，每立方光年的空间每300万年不会发生超过一次爆炸。这意味着，小行星质量大小的微小黑洞只占宇宙质量的很小一部分。

　　总体而言，不同天文学家估计的宇宙暗物质总量各不相同。暗物质与发光物质的质量比至少是10∶1，有时也会出现100∶1这类比值。令人吃惊的是，天文学家居然还不确定宇宙主要由什么组成。长期以来，他们认为恒星占据了整个宇宙的很大部分，但结果只是占据了宇宙的一小部分。

对于宇宙学来说，关键的问题是，是否有足够多的暗物质阻止宇宙的膨胀。不能阻止膨胀的物质的最小密度称为"临界密度"，它的值可以被计算出来，大约为可见物质密度的 100 倍。这样的数额仍然是可能的，尽管也许只是刚刚好。人们希望，对暗物质的研究可以很快得出明确定论，因为宇宙的最终命运取决于它。

鉴于目前的状况，我们不能确定宇宙是否会永远膨胀下去。答案完全取决于宇宙的质量超过临界质量的程度。如果它比临界质量多 1%，宇宙将在大约 1 万亿年后开始收缩；如果它比临界质量多 10%，那么收缩将提前到 1 000 亿年以后。

一些理论家相信，宇宙的质量可以单独计算，无须进行困难的直接观测。有一种传统信念认为，人类仅凭推理能力就能对深奥的宇宙学知识做出预测，这一传统可以追溯到古希腊哲学家。在科学时代，许多宇宙学家试图通过一些深奥的原理以及制定数学方案，得出数值确定的宇宙质量。特别令人迷惑的是那些系统，在这些系统中，宇宙中粒子的确切数量是根据一些数值公式确定的。这些大多是纸上谈兵的想法，并没有被大多数科学家接受，尽管它们很具有诱惑性。

近年来，一种更具说服力的理论开始流行起来，即第 3 章讨论过的暴胀理论，该理论对宇宙质量做出了明确的预测。

暴胀理论的一个预测涉及宇宙中物质的密度。假设宇宙开始时的质量密度远大于或小于坍缩不发生的临界值，当宇宙开始暴胀时，密度会急剧变化，事实上，该理论预测宇宙密度会迅速接近临界值。宇宙暴胀的时间越长，密度就越接近临界值。在标准版本的理论中，暴胀只持续了很短的时间。所以，除非出现奇迹，宇宙正好是从临界密度开始的，否则它将从膨胀阶段出现，密度略大于或小于临界密度。

然而，在暴胀过程中，宇宙是以指数级的形式逼近临界密度的，因此宇宙密度的最终值可能非常接近临界值，即使在暴胀期，其持续时间也只有几分之一秒。这里"指数级"的意思是，如果暴胀每多坚持一次额外的滴答，大爆炸和宇宙再次开始收缩之间的时间就会翻倍。比如，100 次滴答的暴胀导致了 1 000 亿年后的再次收缩，那么 101 次滴答意味着 2 000 亿年后再收缩，而 110 次滴答则意味着宇宙收缩会在 100 万亿年后开始。以此类推。

宇宙暴胀持续了多久？没有人知道，但若想用这个理论成功地解释我所描述的众多宇宙学难题，就必须坚持一定数量的滴答——大约 100 次，不过这个数字相当有弹性。这个数量没有上限。如果特别巧合，宇宙是按照目前我们观测的最少滴答数量暴胀的，那么暴胀后的密度仍然可能远远高于或者低于临界值。在这种情况下，将来的观测应该能够确定宇宙坍缩即将发生的时代，或者确定坍缩不会再发生。但是，坍缩什么时候发生不会有时间上的上限值。更有可能的是，暴胀持续了比最小值更多的滴答，导致密度非常接近临界值。这就意味着，如果宇宙开始坍缩，也是在相当漫长的时间之后——这段时间将是宇宙目前年龄的很多倍。如果情况确实如此，那么人类将永远不会知道宇宙的最终命运。

THE LAST
THREE
MINUTES

07
永远很远

科学对遥远未来宇宙的预测相当令人失望，似乎
任何形式的生命最终都会走向灭亡。不过，灭亡并没
有想象中那么简单。

　　关于无穷大，重要的是它不只是一个很大的数字。无穷
大与那些大得惊人、无法想象的东西有着本质上的区别。假
设宇宙会一直膨胀，永无尽头，那么宇宙将永远存在，拥有
无限的生命。如果是这样的话，任何物理过程总有一天会发
生，无论多么缓慢或不可能，就像一只永远在打字机上胡乱
摆弄的猴子最终会打出一部威廉·莎士比亚的作品一样。

　　引力辐射现象就是一个很好的例子。只有在最剧烈的天
文过程中，以引力辐射的形式产生的能量损失才会显现明显
的变化。地球围绕太阳公转所产生的大约一毫瓦的引力辐射
对地球运动的影响极小。然而，即使是一毫瓦的电力消耗，
如果持续几万亿年，最终也会导致地球螺旋式地靠近太阳，
而在这之前，地球很可能早就被太阳吞没了。在人类的时间
尺度上可以忽略不计的过程，如果时间持续得够久，就有可
能最终占据主导地位，从而决定这些微不足道的物理系统的
最终命运。

　　我们想象一下宇宙在非常遥远的未来的状态，比如在一亿亿亿年以后。那个时候，恒星早已燃烧殆尽，宇宙虽然陷入一片黑暗，但并非空无一物。浩瀚无垠的宇宙中潜伏着旋转的黑洞、离群的中子星和黑矮星，甚至还有一些行星级的天体。到那个时代，这类行星级天体的密度将非常低，因为宇宙已经膨胀到了现有尺度的一万亿亿倍。

　　在宇宙膨胀的过程中，引力会进行一场奇怪的拉锯战。不断膨胀的宇宙试图将每一个天体远远拉离它的邻居，但天体间的引力却恰恰相反，后者试图将各天体聚集在一起。结果是，某些天体的集合（比如星系团，或是经过多年的结构退化之后形成的星系）仍然会因受到引力的束缚而集中在一起，但这些集合会越来越远离邻近的集合。这场拔河般的拉锯战结果取决于宇宙膨胀的减速有多快。宇宙中物质的密度越低，就越会"促使"这些集合脱离它们的邻居，自由独立地分开。

　　在一个引力束缚的系统中，缓慢但不可避免的引力作用发挥了主导作用。引力辐射虽然很微弱，却暗中消耗了恒星的能量，导致其缓慢地转向死亡旋涡。渐渐地，死亡的恒星将向其他死亡的恒星或黑洞靠近，并开始大规模地相互吞噬、合并。引力波需要一万亿亿年才能完全破坏太阳绕银河系中心运动的轨道，然后太阳会变为一颗黑矮星残骸，静静地向银河系中心滑动，一个巨大的黑洞正等待着吞没它。

然而，我们不能确定死亡的太阳最终是否会以这种方式消亡，因为它向内缓慢漂移时，偶尔会遇到其他恒星，有时它会靠近一个双星系统——一对因引力作用"紧紧拥抱"并被锁定在一起的恒星，之后进入一个被称为"引力弹弓"的奇怪阶段。两个天体在轨道上彼此围绕的运动比较简单，正是行星围绕太阳运行之类的问题让开普勒和牛顿十分着迷，并促成了现代科学的诞生。在理想情况下，排除引力辐射，行星的运动是有规律的，而且呈周期性。无论你观察多久，这颗行星都会在同样的轨道上永远运行下去。如果存在第三个天体，比如一颗恒星和两颗行星，或者三颗恒星，情况就完全不同了。这时，运动就不再是简单的周期性运动了。三个天体之间相互作用力的模式总是以一种复杂的方式变化着。这个系统的能量并不是均匀地平分给各个成员的，哪怕两个成员是完全相同的天体，得到的能量也不同。实际情况是，其中一个天体获得最多的能量，另一个天体获得剩下能量中的最大份额，这就像一场复杂的舞蹈。经过很长一段时间以后，该系统的运动完全是随机的——引力动力学中的三体问题是混沌系统的一个很好的例子。两个天体也有可能"结伙"，将大量的可用能量输送给第三个天体，然后第三个天体便会被完全踢出系统，就像弹弓上被射出的弹丸一样，"引力弹弓"这个术语由此而来。

引力弹弓机制可以将恒星从星团中弹射出去，甚至将其从星系本身中弹射出去。在遥远的将来，绝大多数死亡的恒星、行星和黑洞将会以这种方式被抛入星系际空间，它们之后也许会遇到另一个正在瓦解的星系，或者永远在广阔而膨胀的太空中漫游。这一过程是极其缓慢的，若想完成这一解体过程，所需要的时间是现在宇宙年龄的 10 亿倍。相比之下，剩下百分之几的天体将运动到星系的中心，合并形成一些巨大的黑洞。

正如第 5 章所述，天文学家有可靠的证据表明，一些星系的中心已经存在着巨大的黑洞，贪婪地吞噬着旋涡状的气体，并释放出巨大的能量。随着时间的推移，大多数星系终将被疯狂地吞噬，直到黑洞周围的物质被吸食一空或者被弹射出星系。这些物质也许最终会再次回落，或者加入不断减少的星系间的气体中。吃饱后膨胀的黑洞会保持短暂的安静，偶尔会有游荡的中子星或小黑洞钻进来。但这不是黑洞故事的最终结局。1974年，斯蒂芬·霍金发现，黑洞并不完全是黑色的。相反，它们会发出微弱的热辐射辉光。

霍金效应只有在量子场论的帮助下才能被正确理解。量子场论是物理学中一个深奥难懂的分支，与暴胀理论有关。回想一下，量子理论的一个核心原则是海森堡提出的不确定性原理。根据该原理，量子粒子的所有属性都不具备明确定义的值。比如，就某个特定的时刻而言，一个光子或者一个电子都不可能具有确定的能量值。实际上，一个亚原子粒子可以"借贷"能量，只要能迅速地归还就可以。

正如我在第3章提到的，能量的不确定性导致了一些奇怪的效应，比如在明显空无一物的空间中存在着"短命"的粒子，即虚粒子，它们瞬间即逝，寿命短暂。这就引出了"量子真空"这个奇怪的概念——一个完全不同于惰性真空的真空，充斥着不安的虚粒子活动，且永无休止。虽然我们通常不会注意到这种虚粒子的活动，但它们会产生物理效应。当真空活动由于引力场的存在而被破坏时，就会产生这种效应。

一个极端的例子是出现在黑洞视界附近的虚粒子。回想一下，虚粒子以借来的能量为生的时间很短暂，之后必须"偿还"能量，并且粒子必须消失。如果出于某种原因，虚粒子在短暂的分配时间内从某个外部来源获得了足够多的能量，就可以偿还"能量贷款"。因此，虚粒子就不再通过消失的方式来偿还它，结果便是虚粒子变为实粒子，并且这些粒子能够或多或少地永久存在。

按照霍金的说法，这种偿还"能量贷款"的善行发生在黑洞附近。在这种情况下，提供所需能量的"债主"是黑洞的引力场。交易是这样达成的：虚粒子通常是成对产生的，它们向相反的方向移动。想象一下视界外有这样一对新出现的粒子，假设粒子的运动是这样的，其中一个粒子穿过视界落入黑洞，当它移动的时候，会从黑洞的强大引力中吸收大量的能量。霍金发现，这种能量的提升足以偿还"能量贷款"，并将正在下落的粒子和它的伙伴（仍然在事件视界之外）都转变为实粒子。因此，霍金预测，应该会有一股稳定的气流从黑洞附近流向太空，构成所谓的"霍金辐射"。

霍金效应在微小黑洞中的表现最为明显。比如，在正常情况下，一个虚电子在还清"能量贷款"之前最多可以移动 10^{-11} 厘米，因此只有比它更小的黑洞（原子核大小）才能有效地产生电子流。如果黑洞比这个大，那么大多数虚电子就没有足够的时间穿过视界，这时就必须偿还"能量贷款"。

一个虚粒子可能穿过的距离取决于它的寿命，而寿命又由"能量贷款"的大小通过海森堡不确定性原理决定。"能量贷款"越多，粒子的寿命就越短。"能量贷款"的一个主要组成部分是静止质量能。对于电子来说，"能量贷款"至少要等于电子的静止质量能。对于一个具有较大静止质量的粒子，比如一个质子，它的"能量贷款"更大，寿命就会更短，所走的距离也就更短。由此可以推出，通过霍金效应产生质子需要一个比原子核还要小的黑洞。相反，一个比原子核大的黑洞会产生比电子质量低的粒子（比如中微子）。任何尺度的黑洞都会产生质量为零的光子。即使是只有一个太阳质量的黑洞，也会因霍金效应产生光子，可能还有中微子；不过在这种情况下，霍金效应是非常微弱的。

这里使用"微弱"一词并不夸张。霍金发现，黑洞产生的能量谱与热体辐射的能量谱相同，所以可以用温度来表示霍金效应的强度。一个原子核大小的黑洞（直径 10^{-13} 厘米），温度会非常高——大约 100 亿开尔文。相比之下，一个拥有一个太阳质量、直径超过 1 000 米的黑洞，相比绝对零度，其温度差不会超过千万分之一开尔文，整个黑洞释放出的霍金辐射不超过十亿亿亿分之一瓦。

霍金效应的一个奇怪之处是，随着黑洞质量的下降，辐射温度会升高。这意味着小黑洞比大黑洞温度更高。当黑洞发生辐射时，它会损失能量，并随之损失质量，所以黑洞便会收缩。黑洞的温度越高，辐射就越强烈，因此收缩得就越快。这一过程本质上是不稳定的，随着黑洞越来越多地释放出能量，并以越来越快的速度缩小，这一过程终将消失。

霍金效应预测，所有的黑洞都会在一阵辐射中消失。最后的时刻将会很壮观，就像一颗大型原子弹爆炸一样，伴随着一阵短暂的强烈热能释放之后，一切都将消失无踪，至少从理论上来说是这样的。不过，一些物理学家并不认同这种观点——有形天体会坍缩成黑洞，然后黑洞会消失，只留下热辐射。他们提出的一种预测是，两个完全不同的天体在寿命将尽之时会产生相同的热辐射，而不会留下有关原始天体存活时的任何信息。这种消失的方式违反了人们所珍视的各种守恒定律。另一种预测是，蒸发的黑洞留下了微小的残骸，以某种方式记录了大量的信息。这些预测的共同点在于，黑洞绝大部分的质量都将以光和热的形式辐射掉。

黑洞辐射的过程非常缓慢。一个太阳质量的黑洞需要10^{66}年才会消失，而一个超大质量的黑洞则需要10^{93}年。而且，只有宇宙的背景温度降到黑洞的背景温度以下时，这个过程才会发生，否则，从周围宇宙流入黑洞的热量将抵消通过黑洞辐射流出的热量。宇宙大爆炸遗留下来的宇宙微波背景辐射目前的温度大约比绝对零度高3开尔文，若想冷却到使一个太阳质量的黑洞产生净热量损失，则需要10^{22}年。霍金辐射过程不是你坐在那里等着就能看到的事件。

永远是一段极其漫长的时间，但只要发展下去，那么最终所有的黑洞，即使是超大质量的黑洞，都可能会消失，它们的死亡带来的阵痛会在永恒的、漆黑的宇宙之夜中短暂地发出一道亮光，一个一闪即逝的墓志铭，上面记载着曾经存在过10亿个炽热太阳的信息。

那么剩下的还有什么呢？

并非所有的物质都会落入黑洞。我们需要考虑到中子星、黑矮星和独自在广阔的星系际空间中漫游的行星，更不用说那些从未与恒星结合在一起的稀薄气体和尘埃，还有小行星、彗星、陨星和奇怪的岩石块，它们会使恒星系统变得杂乱无章。但是，这些东西会永远存在吗？

在这里，我们遇到了一些理论上的困难。我们需要知道原始的物质是否绝对稳定，就是构成你、我和地球的原材料是否稳定。未来的终极关键在于量子力学。在通常情况下，量子过程与原子系统和亚原子系统有关，但量子物理定律适用于一切事物，包括宏观物体。尽管大型物体的量子效应非常微小，但累积很长一段时间后，这些原本微小的效应仍然能够带来重要变化。

量子物理学的特点是不确定性和概率。在量子领域，没有什么是确定的，除了赌博式的可能性之外。这意味着，如果一个过程是完全可能的，只要有足够长的时间，它最终会发生，无论它发生的概率有多低。我们以放射性元素为例来看看这一规律是如何发挥作用的。铀 238 的原子核几乎是完全稳定的。然而，它有很小的概率会喷出一个 α 粒子，并转化为钍。准确地来说，在单位时间内，一个给定的铀原子核发生衰变的概率是非常低的。平均而言，大约 45 亿年发生一次。但由于物理学定律要求单位时间内的概率是固定的，任何给定的铀原子核最终都会发生衰变。

放射性粒子 α 发生衰变的原因是，组成铀原子核的粒子（质子和电子）的位置存在微小的不确定性，很可能瞬间位于原子核外，被迅速驱走。同样，原子在固体中的精确位置也存在非常小但非零的不确定性。比如，金刚石中的一个碳原子位于晶体内一个非常明确的位置，据预测，在遥远未来宇宙接近零度的温度下，这个位置将非常稳定。但情况并非完全如此。碳原子的位置始终存在微小的不确定性，这意味着存在微小的概率使碳原子自发地跳出其在晶格中的位置，并出现在其他位置。这种迁移过程中没有什么东西是真正固定不变的，连金刚石这样坚硬的物质也不例外。相反，由于量子力学效应，固体物质就像是一种非常黏稠的液体，它可以流动很长时间。理论物理学家弗里曼·戴森（Freeman Dyson）估计，大约 10^{65} 年后，不仅每颗经过精心切割的钻石会变成球珠，每块岩石也会发生形变，成为光滑的球。

如果时间足够长，位置不确定性甚至可能导致核嬗变。以金刚石晶体中两个相邻的碳原子为例。在极少数情况下，其中一个碳原子会自发位移，然后导致其原子核瞬间出现在其相邻原子核的旁边。这时候，核吸引力就可能导致两个原子核发生聚变形成镁原子核。核聚变并不一定需要很高的温度：冷核聚变也是有可能发生的，但它需要很长的时间，长到令人难以置信。戴森估计，在 $10^{1\,500}$ 年后，所有物质都将以这种方式转化为最稳定的原子核——铁元素。

　　鉴于这种非常缓慢的嬗变过程，无论如何，核物质可能无法存在那么长时间。戴森假设，质子和原子核中的中子是绝对稳定的。换句话说，如果一个质子没有落入黑洞，也没有受到干扰，它就会永远存在下去。但我们可以完全确定吗？当我还是学生的时候，从来没有人怀疑过质子是永恒的，是完全稳定的粒子。但关于这一点，我们总有一个挥之不去的疑问，这个问题涉及一种叫作正电子的粒子的存在，除了和质子一样带正电荷外，正电子与电子是完全相同的。正电子比质子轻得多，因此，如果当其他条件相同时，质子更愿意转化为正电子：物理学领域正在探测它们的最低能量状态，这涉及一种深刻的物理学原理——低质量意味着低能量。现在，没有人能解释为什么质子没有发生这种嬗变。物理学家简单地假设，有一条自然定律在禁止质子这么做。直到最近，这个问题也没有得到很好的解释。不过，20 世纪 70 年代后期，关于核力如何促使粒子以量子力学的方式转化成另一种粒子的问题，物理学家有了更清晰的认识。最新的理论为禁止质子衰变的定律提供了解释，但这些理论中的大多数同时也预测，该定律并非百分之百有效。一个给定的质子转化为正电子的可能性很小。根据预测，剩余的质量会以电中性粒子的形式出现，比如所谓的介子，部分以运动能量的形式出现（衰变产物将在高速运动中产生）。

在一个最简单的理论模型中，质子衰变所需的平均时间是 10^{28} 年，这比目前宇宙的年龄长了 100 亿倍。因此，你可能会认为质子衰变的课题仍然是纯粹的学术好奇。然而，我们必须记住，这个过程属于量子力学的范畴，本质上是概率事件：10^{28} 年是预测的平均寿命，而不是每个质子的实际寿命。如果有足够多的质子，其中一个质子就很有可能在你眼前发生衰变。事实上，如果有 10^{28} 个质子，那么你就可以预期每年会发生一次质子衰变，而 10 千克的物质当中就包含 10^{28} 个质子。

事实上，在这一理论流行之前，实验已经排除了质子拥有如此长寿命的可能性。其他版本的类似理论则给出了更长的寿命——10^{30} 年或者 10^{32} 年，甚至是更长的 10^{80} 年。前者较低的寿命值还可以通过实验来检测。比如，衰减时间为 10^{32} 年，则意味着你的身体在一生中可能会损失一两个质子。但是我们如何检测这种罕见的事件呢？

　　我们可以将数千吨物质聚集起来，用能被质子衰变事件的产物触发的灵敏探测器对其进行数月连续的监测。然而，寻找质子衰变现象相当于大海捞针，因为这种衰变会被大量由宇宙辐射产物引起的类似事件掩盖。地球不断受到来自太空的高能粒子的轰击，这些高能粒子产生了无处不在的亚原子碎片。为了减少这种干扰，实验不得不在地下深处进行。

　　其中一个实验是在俄亥俄州克利夫兰附近的一个离地面500米深的盐矿里进行的。该实验装置包括一个装有一万吨超纯水的水箱和围在水箱周围的探测器。水之所以被选中是因为它的透明性，能使探测器同时"看到"尽可能多的质子。这个实验的思路如下：如果一个质子按照当前盛行的理论所预期的方式衰变，那么除了正电子外，它还会产生一个电中性的介子。然后，介子反过来会迅速衰变，通常会变成两个能量极高的光子，即伽马射线。最后，这些伽马射线在水中遇到水原子核，每一束都会产生一对电子—正电子对，它们的能量也非常大。这些次级电子和正电子的能量非常大，能以接近光速的速度运动，即使在水中也是如此。

　　光在真空中以每秒 30 万千米的速度传播，这是任何粒子可能具有的运动速度的极限。然而在这里，水有减缓光速的作用，所以光在这里传播的速度是大约每秒 23 万千米。如果高速亚原子粒子在水中以每秒近 30 万千米的速度运动，其实际速度会比光在水中的速度还要快。当一架飞机的飞行速度超过音速时，就会产生某种轰鸣声。同样，当一个带电粒子在介质中的传播速度比光速还快时，就会产生一种独特的电磁激波，称为切伦科夫辐射（Cerenkov radiation）。俄亥俄州的实验人员设置了一组光敏探测器来寻找切伦科夫辐射。为了区分质子衰变事件与宇宙中微子和其他虚亚原子碎片，实验人员找到了一种独特的信号——背对背的成对切伦科夫光脉冲，这种光脉冲由相对运动的正负电子对发射出来。

　　经过几年的持续观测，俄亥俄州的实验装置仍未能找到关于质子衰变的令人信服的证据，尽管它确实捕捉到了超新星 1987A 的中微子。就像在科学实验中经常发生的事情那样，寻找一个事物会促使意外发现另一个事物。直到撰写本书时，其他使用不同设计的实验也得出了无效的结果。一方面，这可能意味着质子不会衰变。另一方面，这可能意味着它们确实会衰变，但它们的寿命超过了 10^{32} 年。若想测量比现在更慢的衰变率，则超出了目前的实验可能性。因此，在可预见的将来，质子衰变仍将是一个未知数。

对质子衰变的研究曾在各种大一统理论的激发下风行一时，目标是将强相互作用力（将质子和中子束缚在原子核中的力）、弱相互作用力（造成 β 衰变的力）和电磁力统一起来。这些力的微小混合会导致质子衰减。但是，即使这个大一统理论被证明是错误的，质子仍然有可能通过另一种途径衰变，这涉及自然界的第四种基本力，即引力。

为了了解引力如何引起质子衰变，我们必须知道质子不是点状基本粒子这一事实，它实际上是由三个被称为夸克的更小粒子组成的复合体。在大多数情况下，质子的直径约为十万亿分之一厘米，这是三个夸克之间的平均间距。然而，由于量子力学的不确定性，夸克并不会保持静止，而是会不断改变其在质子内部的位置。有时，两个夸克会非常接近彼此。更罕见的是，所有三个夸克会非常接近，以至于它们之间的引力（通常完全可以忽略不计）完胜所有其他的引力。如果发生这种情况，这些夸克将一起坍缩，形成一个微小的黑洞。事实上，质子是在自引力作用下通过量子隧穿效应坍缩的。根据霍金效应，这样生成的微小黑洞是非常不稳定的，迟早会瞬间蒸发掉，最有可能的情况是产生正电子。通过这条路径来估计质子衰变的寿命是非常不确定的，从 10^{45} 年到 10^{220} 年不等。

如果质子确实会在极长的时间后发生衰变，那么将会对宇宙遥远的未来产生深远的影响。所有物质都是不稳定的，最终都会消失，即使像行星这样能避免落入黑洞的固体也不会永远存在，它们会逐渐蒸发掉。如果一个质子的寿命是 10^{32} 年，就意味着地球每秒钟会失去一万亿个质子。按照这个速度，在 10^{33} 年之后，如果地球还没有被其他东西摧毁，实际上也已经消失了。

中子也无法幸免。中子也由三个夸克组成，并且可以通过类似于导致质子死亡的机制嬗变为较轻的粒子（孤立的中子在任何情况下都是不稳定的，并且大约会在 15 分钟内发生衰变）。只要时间够长，白矮星、岩石、尘埃、彗星、稀薄的气体云以及所有其他天体都会因同样的原因消亡。我们目前观察到的 10^{48} 吨普通物质散布在宇宙各处，它们注定要么消失在黑洞中，要么消失在缓慢的核衰变中。

当质子和中子衰变时，它们会产生衰变产物，所以宇宙未必一点物质都留不下。比如，质子的一种可能衰变路径是变成正电子和中性介子。介子非常不稳定，会迅速衰变为两个光子，或者衰变成一对电子—正电子。无论哪种情况，由于质子的衰变，宇宙将逐渐获得越来越多的正电子。物理学家认为，宇宙中带正电荷的粒子（目前主要是质子）的总数与带负电荷的粒子（主要是电子）的总数相同。这意味着，一旦所有的质子都衰变了，电子和正电子的混合物就会相等。正电子就是电子的反粒子，如果一个正电子遇到一个电子，它们就会相互湮灭。这个过程很容易在实验室里得到证实。这种湮灭以光子的形式释放能量。

科学家已经进行了计算，试图确定在遥远的将来，宇宙中留下的正电子和电子是否会完全相互湮灭，或者是否会永远留下一小部分残留物质。湮灭不会突然发生，相反，电子和正电子首先要排列组合成一种叫作电子偶素的微原子，它们绕着共同的质量中心旋转，同时受相互之间的电引力的约束，跳起死亡之舞。然后这些粒子会做旋涡式运动，随即碰到一起发生湮灭。它们旋转到一起的时间取决于电子偶素"原子"形成时电子与正电子之间的初始距离。在实验室里，电子偶素的衰变发生在极短的时间内，但在外层空间，由于几乎不受干扰，电子和正电子可能被束缚在一个巨大的轨道上。据估计，大多数电子和正电子形成电子偶素需要 10^{71} 年，但在大多数情况下，它们的轨道直径将达到数万亿光年！这些粒子移动得非常慢，移动一厘米需要 100 万年。电子和正电子的运动速度如此缓慢，以至于旋入时间达到了惊人的 10^{116} 年。然而，这些电子偶素原子的最终命运从它们形成的那一刻起就注定了。

奇怪的是，并非所有的电子和正电子都会相互湮灭。在电子和正电子寻找异性伙伴的同时，由于湮灭和宇宙的持续膨胀，这些粒子的密度会稳步下降。随着时间的推移，形成正电子的难度越来越大。因此，尽管残留物质的微小残留物越来越少，但从来没有完全消失过。在某个地方总会发现一些奇怪的电子或正电子，即使每一个这样的粒子都孤独地生活在一个不断膨胀的真空空间中。

我们现在可以描绘出在所有这些不可思议的缓慢过程完成后宇宙的样子。首先，会有大爆炸遗留下来的物质，也就是说，宇宙背景一直会存在。这些遗留物质由光子和中微子组成，也许还有其他一些我们还不知道的完全稳定的粒子。随着宇宙的膨胀，这些粒子的能量将持续减少，直到它们形成一个完全可以忽略不计的背景。宇宙中的普通物质将消失，所有的黑洞都会蒸发，最终消失殆尽。尽管黑洞中一些遗留物质也会以中微子的形式存在，但大部分遗留物质的质量将会转化成光子。在黑洞最后的爆炸过程中所发射出来的极小一部分质量会以电子、质子、中子和一些较重的粒子的形式存在。这些较重的粒子会迅速衰变，不过中子和质子的衰变速度将会慢得多，最后会留下一些电子和正电子，它们便是我们今天所看到的普通物质的最后残留物。

遥远未来的宇宙将是一锅稀薄得令人难以置信的"稀汤"，由光子、中微子、电子以及数量不断减少的电子和正电子组成。所有这些粒子都在缓慢地彼此远离，再也不会发生进一步的基本物理过程。没有什么重大事件能够中断宇宙的黯淡贫瘠，它终将走完自己的路程，但仍然拥有永恒的生命，也许永恒的死亡是一个更好的描述。

这种冷酷、黑暗、无特征、接近虚无的凄凉景象，与现代宇宙学与 19 世纪物理学所描述的"热寂"现象是最接近的。虽然宇宙退化到这种状态所需的时间太长，超出了人类的想象，但它只是无限时间中有限的一部分。如前所述，永远是一段很长的时间。

　　尽管宇宙的消亡时间极其漫长，远远超过了人类的各种时间尺度，以至于这种衰亡对我们来说几乎毫无意义，但人们仍然很急切地想知道："我们的后代将会遭遇什么？缓慢但必然降临的宇宙末日是否注定会毁灭他们？"科学对遥远未来宇宙的预测相当令人失望，似乎任何形式的生命最终都会走向灭亡。不过，灭亡并没有那么简单。

THE LAST THREE MINUTES

08
慢车道上的生命

能源危机迟早会降临，地球人口也不可能无限地
增长。在宇宙消失之前，人类的出路在哪里？

1972 年，一个名为罗马俱乐部的组织发表了一篇关于人类未来的悲观文章，标题为《增长的极限》（*The Limits to Growth*）。在他们众多关于灾难迫在眉睫的断言中，有一个预言是，世界上的化石燃料将在几十年内耗尽。当时的人们惊慌失措，油价飙升，替代能源研究一时成为风尚。然而，到目前为止，还没有迹象表明化石燃料即将耗尽。人们又开始沾沾自喜。然而不幸的是，即使用简单的算术也能算出，有限的资源会以持续递减的有限速度被耗尽。能源危机迟早会降临，地球人口也不可能无限地增长。

一些人相信，下一次能源危机和人口过剩危机将彻底摧毁人类。但在我看来，我们没必要将化石燃料的耗尽和人类的灭亡相提并论。我们周围就有巨大的能量来源，重点是我们是否有意志和聪明才智去驾驭它们。太阳的能量足以满足人类的需要。一个更为棘手的问题是，我们必须抑制人口增长，以避免发生大规模的饥荒。这需要借助社会、经济和政治手段，而不仅仅是科学手段。如果我们能够突破化石燃料消耗所造成的能源瓶颈，能够稳定世界人口增长并防止毁灭性的冲突的发生，能够限制地球的生态破坏，能够控制小行星撞击地球，那么我相信，人类将走向繁荣，没有明显的自然规律会限制人类的寿命。

我已经解释了在人类无法想象的漫长时间里，宇宙的结构将如何改变，而宇宙的消亡将是缓慢的物理过程发展的结果。人类存在的历史最多有500万年（这取决于对人类的定义），而人类文明只存在了几千年。如果人口数量保持在适当的范围内，在未来二三十亿年内，地球仍然会是适宜居住的地方，时间之久，难以想象，非常接近无限。然而，与发生在天文学和宇宙学意义上的总体变化所需要的巨大时间尺度相比，即使是10亿年也是微不足道的。在10亿个10亿年后，银河系的其他地方仍然会存在类似地球的栖息地，供人类居住。

我们可以想象人类后代的生活，他们还有相当长的时间可供支配，发展太空探索和各种各样的奇妙技术。在地球被太阳烤焦之前，他们有足够的时间离开地球，找到另一颗适宜居住的星球，然后再找到下一颗……通过向太空扩张，人口规模也可能膨胀。要知道我们在 20 世纪为生存而进行的斗争并不是徒劳无功的，这是否令你感到安慰？

太阳系注定会走向灭亡，伯特兰·罗素对热力学第二定律的后果感到非常沮丧，对人类生存的徒劳感到痛苦。罗素清楚地认识到，人类的栖息地不可避免地会消亡，这在某种程度上使人类的生活变得毫无意义，甚至滑稽可笑。这种信念无疑促成了他对无神论的推崇。如果知道黑洞的引力能比太阳强很多倍，而且在太阳系解体后还能持续数万亿年，他会不会感觉更好点儿呢？可能不会。重要的不是时间的长短，而是宇宙迟早会变得不适合居住。这种想法必然会让一些人觉得我们的存在是毫无意义的。

我们已经讨论过，在遥远的未来，宇宙的环境会发生难以想象的变化，它将不再稳定，不再友好。但我们不必因此陷入沙文主义或悲观主义。毫无疑问，在一个由稀薄的电子和正电子组成的宇宙中，人类会面临一段艰难的时期，但重要的问题肯定不是人类物种本身能否长生不老，而是我们的后代能否幸存下来。不过，即使他们幸存下来，也不太可能是今天意义上的人类。

人类出现在地球上，是生物进化的结果，而进化过程正在迅速地被人类活动改变。我们已经干涉了自然选择的运作，设计出新的变种的可能性也越来越大。我们可能很快就能直接通过基因工程，设计出具有规定属性和生理特征的人类。所有这一切都发生在科技社会的短短几十年里。而在几千年、甚至几百万年后，科学技术会取得怎样的成就呢？

现在，人类已经能够离开地球，进入近太空探险。在今后的亿万年内，我们的后代将可以从地球扩展到更广阔的太阳系，然后再扩展到银河系内的其他恒星系。人们常常有这样一种误解，认为这类计划会耗费无限长的时间。事实并非如此。移民计划可能会通过行星之间的短途飞行不间断地进行下去：移民会离开地球，去往几光年以外合适的星球上，如果他们能以接近光速的速度旅行，整个旅程将只需要几年时间。即使我们后代的飞行速度永远不会超过光速的1%，也只需要几个世纪就可以实现目标。新移民地的实际建立可能需要几个世纪才能完成，到那时，移民者的后代就可以考虑派遣移民远征队到更远的适宜居住的星球上去。然后过几百年，下一颗星球上的居民将会继续移民，以此类推。波利尼西亚人就是以这种方式殖民了太平洋中部的岛屿。

　　光穿过银河系只需要 10 万年的时间，如果以 1% 的光速旅行，那么穿越银河系需要 1 000 万年。即使一路上有 10 万颗行星作为移民驿站，并且每颗移民行星都需要 2 个世纪才能建立起来，总共所需的时间也只不过是以 1% 的光速穿越银河系的时间的 3 倍。以天文学甚至地质学的标准来衡量，3 000 万年时间很短，太阳围绕银河系运行一周大约需要 2 亿年；地球上的生命存在的时间至少是这个时间的 17 倍。只有在二三十亿年后，老化的太阳才会严重地威胁到地球，所以在 3 000 万年内，地球环境几乎不会发生任何变化。由此可推算出，我们的后代可以用地球上的生命进化到科技社会所需时间的一小部分时间来移民银河系。

　　成为移民者的人类后代会是什么样子呢？如果我们自由地发挥想象力，便可以推测出移民者可能会通过基因工程轻松地适应目标星球。举个简单的例子，如果在恒星天苑四周围发现了一颗类地行星，并且发现它的大气中只有 10% 的氧气，那么移民者就可以通过基因改造，使自身拥有更多的红细胞。如果这颗新行星的表面引力更大，移民者就可以塑造更强健的骨架和更强壮的骨骼，等等。

　　即使要花几个世纪的时间才能完成这段旅程，途中的能量供应也不成问题。人们可以将宇宙飞船建造成一个方舟，一个完全独立的生态系统，用以满足许多代移民者的需求。或者，人们也可以选择在旅途中对移民者进行冷冻。而更合理的做法是，只派出一只小型飞船和一小队宇航员，同时让他们携带数以百万计的冷冻受精卵子，在到达目的地后对其进行"孵化"，即时"生育"一批人，这样就避免了长期运送大量成年人口带来的保障问题和社会问题。

我们可以预测，无论是在外表上还是在心理上，这些移民者没有理由和当前的人类一样。如果人类可以借助基因工程来满足各种各样的需求，那么每次探险都可能涉及以特定目标为前提而设计的生命实体，这些实体具有适应特定环境的解剖学结构和心理素质。

移民者不必是通常定义的生命有机体。现在我们已经有希望可以将硅片微处理器植入人体。这项技术的进一步发展有可能带来有机部件和人工电子部件组成的混合体，它们同时具有生理功能和思考功能。比如，为人脑设计的"可插式"存储器，类似于现在可用于计算机的那些额外存储器。科学家可能很快就会证明，用有机材料来进行计算比用固体材料更高效。现代科学技术可能会通过生物学方式"培育"

计算机组件。数字计算机将更可能被神经网络取代。神经网络已经被用来代替数字计算机，来模拟人类智能并预测经济行为。使脑组织中生长有机神经网络可能比从头开始制造它们更有意义。构建有机和人工网络的共生混合体也是可行的。随着纳米技术的发展，生物与非生物、自然与人工、大脑与计算机之间的区别将会变得越来越模糊。

目前，这种推测属于科幻小说的范畴。这些推测会成为科学事实吗？毕竟我们能想象到某些事情并不意味着未来一定会发生。我们可以将同样的原理应用于技术发展过程，就像应用于自然过程一样：只要时间足够长，任何可能发生的事情都会发生。如果人类或其后代一直保持着充分的能动性（这可能是一个非常大胆的设想），那么技术的约束条件可能只有物理定律了。对于一代科学家来说，像"人类基因组计划"这样的挑战可能是一项艰巨的任务，但如果有一百代、一千代或一百万代的科学家来从事这项工作，那么这项任务的完成就绝对不成问题了。

让我们乐观地设想，人类将来会生存下去，并继续朝着技术的极限发展。这对探索宇宙意味着什么呢？构建出为特定目标而设计的智能生命体将会开启这样一种可能性：

派遣代理人进入迄今为止完全不适合人类居住的栖息地，以执行目前无法想象的任务。虽然这种代理人可能是人类发起的技术革命的最终产物，但它们本身并不是人类。

我们是否应该特别关注一下代理人这类奇怪的生命体的命运？许多人可能会对这些怪物取代人类的前景感到厌恶。如果生存需要人类让位于基于基因工程的有机机器人，我们也许会选择灭绝。但是，如果人类灭亡的可能性令我们感到沮丧，就必须明确我们希望保留人类的哪些特质。答案当然不是我们的身体形态。如果知道100万年后，我们的后代可能会失去脚趾，又或者拥有更短的腿或更大的头和大脑，我们会感到不安吗？事实上，在过去的几个世纪里，我们的身体形态已经发生了很大的变化，不同种族之间的差异也很大。

当被追问类似的问题时，我猜想大多数人更重视所谓的人类精神，即我们的文化、价值观、独特的精神构成，比如在艺术、科学和智力方面的成就。这些东西当然值得保存和延续下去。如果我们能将人类最基本的人性传递给后代，那么无论他们的身体形态如何变化，最重要的东西就能够留存并延续下来。

　　将来是否有可能创造出类似人类的生物，向宇宙进军并散布到宇宙中去，这个问题在很大程度上还只是一种推测。撇开别的不说，人类可能对这种宏伟的计划缺乏积极能动性，或者由于经济、生态或其他灾难的影响，我们可能在真正离开地球之前就已经灭亡了，也有可能外星人比人类早一步占领了大多数适合居住的行星（显然不包括地球，至少现在还没有）。但是，无论这项任务是落在人类后代还是落在某些外星人后代的肩上，在宇宙中散播生命并通过技术获得对宇宙的控制的可能性令人神往。我们不禁要问，这样一个超级种族应该如何与宇宙的缓慢退化相抗衡？

　　我们在第 7 章已经讨论过，物理衰变的持续时间极其漫长，以致任何试图通过地球上的当前趋势来推测遥远未来的技术发展情况的尝试都是徒劳的。谁能想象一万亿年后的科技社会呢？它似乎可以实现任何目标。然而，无论多么先进，任何技术都可能仍然受制于物理学的基本定律。比如，如果相对论的结论是正确的，即没有任何物体的速度可以超过光速，那么即使再有一万亿年的技术发展也无法跨越这个障碍。更严重的是，如果所有有趣的活动都会消耗一些能量，那么对宇宙中可用自然能源的持续消耗最终会对这个技术社会构成严重威胁，无论它多么先进。

通过将基本物理原理应用于广泛定义下的智慧生物，我们便可以研究宇宙在遥远未来的退化是否会给它们的生存带来任何真正的威胁。一种生物若想获得"智慧生物"的地位，它至少能够处理信息。思考问题和获取经验都会涉及信息处理活动。那么这对宇宙的物理状态有什么要求呢？

信息处理的一个特征是消耗能量，这也是文字处理器必须连接到主电源的原因。每条信息消耗的能量取决于热力学因素。当处理器在接近其环境温度的条件下运行时，消耗的能量最少。人脑和大多数计算机的运行效率非常低下，并以热量的形式消耗了大量多余的能量。比如，大脑产生的大量热量，许多计算机需要特殊的冷却系统来降温。这种废热的来源可以追溯到信息处理运行的逻辑，在此过程中需要丢弃信息。比如，如果计算机执行 1+2=3 的计算，则两条输入信息（1 和 2）则会替换为输出信息（3）。一旦执行了计算，计算机就可以丢弃输入信息，从而用一个数字代替两个数字。事实上，为了防止内存阻塞，机器必须持续丢弃这些无关的信息。根据定义，擦除过程是不可逆的，因此涉及熵的增加。由此看来，在非常基础的层面上，信息的收集和处理将不可逆转地消耗可用能量并提高宇宙的熵。

　　弗里曼·戴森对智慧生物所面临的局限性进行了认真的思考。在宇宙朝热寂状态冷却的过程中，这些智慧群体会受到以一定速度消耗能量（如果只是为了思考）的限制。第一个约束条件是，生物的温度必须高于其环境的温度，否则余热将无法从它们体内排出。第二个约束条件是，物理系统向环境辐射能量的速度受到物理定律的限制。如果智慧群体产生的余热快于其消除的速度，它们就不能长期运转。这些要求对生命消耗能量的速度提出了一个较低的限制。一个基本的要求是，必须存在某种自然能源，来为这种重要的热量流失提供补充燃料。戴森总结说，所有这些能源注定会在宇宙遥远的未来减少，因此所有智慧生物最终都会面临能源危机。

　　现在，有两种方法可以延长智慧生物的寿命。一种是尽可能长时间地生存；另一种是加快思考和体验的速度。戴森做出了一个合理的假设，即一个人对时间流逝的主观体验取决于他对信息的处理速度：使用的处理机制越快，他每单位时间产生的思想和感知就越多，时间就过得越快。罗伯特·福沃德（Robert Foreword）在其科幻小说《龙蛋》（*Dragon's Egg*）中以一种有趣的方式运用了这个假设。这部小说讲述了一群生活在中子星上的某个智慧生物的故事。

这些生物利用核聚变过程而非化学过程来维持生存。由于原子核的相互作用比化学相互作用快数千倍,中子星上的这种生物处理信息的速度也就快得多。人类时间尺度上的一秒钟相当于它们的许多年。有可能当人类第一次接触到中子星上的这些生物时,它们还是一个相当"原始的群落",但随着时间的推移,它们的发展很快将会超越人类。

采用这种策略作为在遥远未来的生存手段有一个缺陷:信息处理得越快,能量消耗速度越高,可用的能源消耗得也就越快。你可能会认为这将不可避免地给我们的后代带来厄运,无论他们采取何种形体。但情况并非一定如此。戴森已经表明,有一个聪明的折中办法,可以使这种社会逐渐减缓活动速度,以适应宇宙的衰退,比如,进入休眠状态,以不断增加时间长度。在每个休眠阶段,来自前一个活跃阶段的努力工作得来的能量可以慢慢消耗,并积累有用的能量,用于下一个活跃阶段。

不过,采用这种策略的智慧生物所经历的主观感受时间在实际流逝时间中所占的比例会越来越小,因为这种社会的休眠时间会越来越长。但是,正如我所说的,永远是一段很长的时间,我们必须与相反的两个极限做斗争:资源趋向于零，而时间趋向于无穷。戴森对这两个极限做了简单的研究后表明，即使资源总量是有限的，主观时间总量也可以是无限的。他引用了一项惊人的统计结果：一个与今天人类人口水平相当的某个生物群落，只需要 6×10^{30} 焦耳的总能量就可以永远生存下去，而这相当于太阳在 8 小时内输出的能量。

真正的不朽需要的不仅仅是处理无限信息的能力。如果一个生物的大脑状态是有限的，那么它只能思考有限数量的不同思想。如果它将永远持续下去，这将意味着同样的想法将被反复思考。这样的存在和一个注定灭亡的物种一样毫无意义。为了摆脱这条死胡同，这个社会或者单个超人类必须无限制地发展下去。这对遥远的未来提出了一个严峻的挑战，因为物质蒸发的速度比其作为大脑物质被吸收的速度要快得多。一个绝望而聪明的人也许会试图利用难以捉摸但又无处不在的宇宙中微子来扩展其智力活动的范围。

数字计算机是一台有限的机器，因此它所能达到的目标会受到严格限制。然而，也有其他类型的系统，比如模拟计算机。以计算尺为例，这种模拟计算机可以通过不断地调整规则进行计算，在理想情况下可以有无限种状态。因此，模拟计算机摆脱了数字计算机的一些限制，数字计算机只能存储和处理有限数量的信息。如果信息是按照模拟计算机的方式进行编码的，比如，通过物体的位置或角度，那么计算机的容量则是无限的。因此，如果某个超人类可以像一台模拟计算机一样工作，那么它不仅可以思考无限多的想法，而且可以思考无限种不同的想法。

我们不知道宇宙作为一个整体，是像一台模拟计算机还是一台数字计算机。量子物理学认为，宇宙本身应该是"量子化"的，也就是说，它所有的属性都表现为离散跳跃，而不是连贯的变化。但这纯粹是一种猜测。我们还没有真正理解大脑活动和生理活动之间的关系，也许思想和经验不能简单地与这里所说的量子物理思想联系起来。

无论思想的本质是什么，遥远未来的生物面临着终极的生态危机：所有能源将被宇宙耗尽。不过，通过"省吃俭用"，它们仍旧可以获得一种不朽、无限的体验。在戴森的设想中，它们的活动对宇宙的影响会越来越少，而宇宙则对它们的需求置之不理。这种生物会无限长地保持休眠状态，保留记忆，但不会增加记忆，而且几乎不会干扰黑暗的垂死宇宙。通过巧妙的组织，它们仍然可以思考无限多的想法，感受无限多的经验。我们还能奢求什么呢？

　　宇宙的热寂一直是我们这个时代经久不衰的神话之一。我们看到了罗素和其他人是如何抓住热力学第二定律所预测的宇宙不可避免的退化，来支持无神论、虚无主义和绝望的哲学的。随着对宇宙的进一步理解，我们今天可以描绘出一幅略有不同的图景。宇宙可能在退化，但它并不会耗尽。热力学第二定律当然适用，但它并不一定会排除文化永生的可能性。

　　事情甚至可能没有戴森设想的那么糟糕。到目前为止，我一直在假设，宇宙在膨胀和冷却的过程中会或多或少保持均匀性，但这可能是不正确的。万有引力是许多不稳定性的来源，我们今天看到的宇宙的大规模均匀性可能会在遥远的未来让位于更复杂的结构。比如，不同方向上的膨胀率的微小变化可能会放大。巨大的黑洞可能会聚集在一起，因为它们的相互引力克服了宇宙膨胀的分散效应。这种情况会导致一种奇怪的竞争：黑洞越小，温度就越高，蒸发得就越快；如果两个黑洞合并，黑洞会变大，因此温度会变低，蒸发过程会受到很大限制。关于宇宙遥远的未来，关键的问题是黑洞合并的速度是否与蒸发的速度相一致。如果答案是肯定的，那么总有一些黑洞会通过霍金辐射为技术熟练的群体（譬如人类）提供有用的能源，以使他们维持正常生活而无须休眠。物理学家唐·佩奇（Don Page）和兰德尔·麦基（Randall McKee）的计算表明，这场竞争就像在走钢丝，并且在很大程度上取决于宇宙在不断衰退的过程中膨胀速度究竟有多大。在某些模型中，黑洞合并确实会胜出。

不过，戴森忽略了这样一种可能性，即我们的后代可能会试图修改宇宙的结构，使自身永远生存下去。天体物理学家约翰·巴罗和弗兰克·蒂普勒设想过这样一种方式：一个先进的技术团体可能会对恒星的运动进行轻微的调整，以设计一种对它们自己有利的特殊引力。比如，核武器可以用来扰乱小行星的轨道，于是行星的弹射式推动就会使它撞向太阳。撞击的动量将会轻微地改变太阳在银河系中的轨道。虽然这种影响很小，却具有累积性：太阳移动得越远，产生的位移就越大。在数光年的距离内，如果太阳接近另一颗恒星，这一变化可能会产生重大影响：点头之交将转变成剧烈改变太阳运行轨道的碰撞。通过操纵许多恒星，这个技术团体可以创造和管理大量天体，以造福社会。而且，由于这种效应会放大和累积，因此，通过一点一点的推动来控制系统的大小是没有限制的。如果时间足够长（当然我们的后代肯定有足够的时间来支配），整个星系都可以被操纵。

　　为了完成这项宏伟的宇宙工程，这个技术团体将不得不与恒星和星系无规则的行为做斗争，因为随机运动会将天体从受引力束缚的星团中抛出，从而使系统走向瓦解，如第 7 章所述。巴罗和蒂普勒发现，通过操纵小行星来重新排列星系需要 10^{22} 年的时间。不幸的是，星系的自然瓦解大约会发生在 10^{19} 年后，所以这场战斗显然是有利于大自然的。此外，我们的后代还可能控制比小行星更大的天体。自然瓦解的速度取决于天体的轨道速度，对于整个星系来说，这种速度会随着宇宙的膨胀而减小。如果轨道速度变慢了，也会使人为操作过程变慢，但这两种效应不会以相同的速度减小。随着时间的流逝，自然瓦解的速度可能会低于技术团体对宇宙重新排序的速度。这就提出了一个有趣的可能性，即随着时间的推移，智慧生物可以越来越多地控制一个资源越来越少的宇宙，直到整个大自然基本上被"技术化"为止，而那时，自然与人工之间的区别也就消失了。

　　戴森分析的一个关键假设是，思维过程会不可避免地消耗能量。事实的确如此。直到最近，人们还认为任何形式的信息处理都必须付出最低的热力学代价。令人惊讶的是，这并不完全正确。IBM 的计算机专家查尔斯·贝内特（Charles Bennett）和罗尔夫·兰道尔（Rolf Landauer）已经证明，可逆计算在原则上是可行的。这意味着某些物理系统（目前完全是假设的）可以处理信息而不产生损耗。我们可以设想这样一种系统，它可以在不需要任何电源的情况下思考无限多的想法！目前我们还不清楚这样一种系统能否收集和处理信息，因为从环境中获取的任何重要信息都涉及某种形式的能量消耗，哪怕是从噪声中提取信息都是如此。因此，无需求的生物对周围的世界可以没有任何感知，但它可以记住宇宙是什么，说不定还能做梦。

一个多世纪以来，垂死的宇宙形象一直困扰着科学家。人们假设我们生活在一个因熵的肆意挥霍而稳步退化的宇宙中，但这个假设是如何建立的呢？我们能确定所有的物理过程都会不可避免地导致混乱和衰退吗？

生物学的情况又是如何呢？一些生物学家认为，达尔文进化论所采取的极端防御态度给了我们一些启示。我相信，他们的这种反应源于这样一种令人不安的矛盾：在物理力量的驱动下，这个过程显然是建设性的、进步的，而在本质上，物理力量又是毁灭性的。地球上的生命可能起源于某种原始的黏液。当前的生物圈是一个丰富而又复杂的生态系统，是一个复杂而多样的有机体在微妙的相互作用中形成的网络。尽管生物学家否认任何系统性进化的证据，但科学家和普罗大众都很清楚，自从地球上有生命起源以来，某些东西或多或少是单向向前发展的。关键问题是，我们如何更加清晰地描述这种进步，究竟是什么进步了？

上文关于生存的讨论集中在信息（或有序）和熵之间的斗争上，熵总是占上风。但信息本身就是我们应该关注的量吗？毕竟，系统地思考所有可能的想法就像把整本电话簿认真阅读一遍一样令人不寒而栗，重要的当然是经验的质，或者更广泛地说，是有待收集和利用的信息的质，而不是量。

据我们所知，宇宙开始之初，根本无特征可言。随着时间的推移，我们今天看到的物理系统的丰富性和多样性才逐步显现出来。因此，宇宙的历史就是结构复杂性不断增长的历史。这似乎是一个悖论。我开始介绍宇宙时首先介绍了热力学第二定律，该定律告诉我们，宇宙正在消亡，它不可避免地从低熵的初始状态走向最大熵的最终状态——热寂。所以情况是在好转还是在恶化呢？

　　实际上并不存在悖论，因为结构的复杂性不同于熵。熵，或者说无序，是信息即有序的反义词：你处理的信息越多，产生的秩序越多，所付出的熵的代价也就越大，这里的有序意味着另外某个地方的无序。这就是热力学第二定律——熵总是赢家。但是结构和复杂性并不仅仅是有序和信息，它们只与特定类型的有序和信息有关。举例来说，我们能够清晰地认识到细菌和晶体之间的重要区别，两者都是有序的，但方式不同。晶格代表了有规律的均匀性，虽然非常漂亮，但本质上很乏味。相比之下，细菌的构造可以说是非常精巧、有趣。

　　这些想法看上去只是主观判断，但我们可以用数学使之更有说服力。近年来，科学家开辟了一个全新的研究领域，目的是使结构复杂性这类概念定量化，并力图建立一些普适性原理，使其与现有的物理定律并驾齐驱。该领域虽然仍处于起步阶段，但已经挑战了许多关于秩序和混乱的传统假设。

　　在《宇宙的蓝图》(*The Cosmic Blueprint*) 一书中，我提出了一种假设，在宇宙中起作用的还有"复杂性增加定律"，该定律与热力学第二定律并立。这两条定律之间并没有不相容之处。实际上，物理系统复杂性的增加是以熵为代价的。比如，在生物进化的过程中，只有在发生了许多破坏性的物理和生物过程（比如，适应不良的突变体的过早死亡）之后，才会出现一种新的、更复杂的有机体。即使是雪花的形成也会产生余热，使宇宙的熵增加。但是，这里不存在任何直接的替换关系，因为结构不是熵的反义词。

我很高兴地发现，许多研究人员也得出了类似的结论，正试图使复杂性增加定律公式化。虽然复杂性增加定律与热力学第二定律并不矛盾，但复杂性增加定律对宇宙的变化给出了一个非常不同的解释：宇宙的发展过程是从基本上毫无特征的初始状态开始，然后发展到越来越复杂、越来越精细的状态的。

复杂性增加定律正在不断完善之中，它对宇宙的结局有着深远的意义。如果结构的复杂性不是熵的对立面，那么负熵在宇宙中的有限存储就不需要在复杂性的层次上设置一个界限。为提高复杂性而支付的熵代价可能纯粹是偶然的，而不是必需的，就像单纯的排序或信息处理那样。如果是这样的话，那么我们的后代就可以在不浪费日益减少的资源的情况下实现更加复杂的组织状态。虽然他们处理信息的数量可

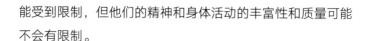

能受到限制，但他们的精神和身体活动的丰富性和质量可能不会有限制。

在本章和第 7 章，我试着让读者看到：宇宙正在衰退，但可能永远不会将精力消耗殆尽。只有在奇异的科幻小说中才会发生智慧生物在逆境中生存下来的奇迹，而这种生存环境会对它们越来越不利，并且热力学第二定律会在无情的逻辑下检验它们的创造力。它们为生存而进行的绝望的但不一定是徒劳的斗争可能会使一些读者感到兴奋，也可能使另一些读者感到沮丧，而我自己的心情好坏参半。

所有的推测都是基于这样一个假设：宇宙将会永远膨胀下去。我们已经看到，这仅仅是宇宙的一种可能命运。如果膨胀速度减慢得非常快，则宇宙有一天可能会停止膨胀，并开始收缩，走向巨大的危机。如果情况真是这样，人类生存的希望又是什么呢？

THE LAST THREE MINUTES

09
快车道上的生命

我们希望，宇宙超人类或超级计算机至少能在可用的时间内对自身的存在有足够的了解，并接受自己必然走向灭亡的命运。

除非有"永恒"，否则无论是人类还是外星人，无论其数量有多少，他们的智慧都不可能让生命无限制地延续下去。如果宇宙只能存在有限的时间，那么世界末日就不可避免了。在第6章，我解释了宇宙的最终命运如何受制于它的总质量。观察表明，宇宙的质量非常接近于永恒膨胀和最终坍缩之间的临界点。如果宇宙最终开始坍缩，任何智慧生物的未来都将与第7章描述的结局大相径庭。

宇宙坍缩的早期阶段一点儿也不可怕。就像一个被抛向天空并到达轨道顶端的小球那样，宇宙将开始缓慢地向内下落。我们假设这个时间的顶点是1 000亿年以后：那时仍将有大量恒星在燃烧，而我们的后代也能够用光学望远镜观察遥远星系的运动——星系团的退行速度逐渐变慢，然后开始回落，逐渐落向彼此，各个恒星间相隔得越来越近。我们今天能看到的星系在那个时候会处于比现在远4倍的距离外。由于宇宙的年龄越来越大，天文学家将能够看到比我们现在所能看到的远 10 倍的宇宙，因此他们看到的可见宇宙所包含的星系应当比我们这个时代所能看到的多得多。

　　在 1 000 亿年以后的很长一段时间内，天文学家都不会注意到宇宙在坍缩。他们首先会注意到，平均而言，相对较近的星系在不断地接近而不是后退，但来自遥远星系的光谱似乎仍然是红移的。只有经过数百亿年，系统性的涌入才会变得明显。此时更容易识别的是宇宙微波背景辐射温度的细微变化。我们应当记得，宇宙微波背景辐射是大爆炸遗留下来的，目前的温度大约比绝对零度高 3 开尔文。随着宇宙不断膨胀，该温度会下降。在 1 000 亿年以后，它将下降到 1 开尔文左右。温度将在膨胀的最高点降至最低，一旦坍缩开始，温度会再次回升，当宇宙坍缩到今天的密度时，温度将会回到 3 开尔文，这又要花 1 000 亿年——宇宙的兴衰在时间上大致是对称的。

　　宇宙不是在一夜之间坍缩的。在数百亿年的时间里，即使处于收缩阶段，我们的后代也能好好地生活。如果转折点发生在更长的时间之后，比如，一万亿亿年后，情况就没有这么乐观了。这种情况下，在膨胀到达最高点之前，所有的恒星将被烧尽，任何幸存的地球居民都将面临在永恒膨胀的宇宙中所遇到的相同问题。

　　无论转折何时发生，如果从现在开始以年为单位衡量，在同样的年数之后，宇宙将恢复到现在的大小。不过它的外观会非常不同。即使转折真的发生在 1 000 亿年之后，同现在相比，那时将有更多黑洞，更少恒星，可供居住的行星将弥足珍贵。

　　当宇宙坍缩到目前的大小时，它将会以更快的速度坍缩，在大约 35 亿年后，宇宙的尺度将减半，并且加速偏小。在此 100 亿年后，宇宙微波背景辐射温度的上升将成为一个严重的威胁，真正紧张的时刻才会真正到来。当温度上升到约 300 开尔文时，像地球这样的行星会很难将热量释放出去。它会变得越来越热，而且无可挽回。任何冰冠或冰川都会融化，海洋开始蒸发。

　　4 000 万年后，宇宙微波背景辐射的温度将达到今天地球的平均温度。那时像地球一样的行星是完全不适合居住的。当太阳膨胀成一个红巨星时，地球也会面临这样的命运。我们的后代将没有别的地方可去。宇宙微波背景辐射充满了整个宇宙，整个空间的温度都在 300 开尔文，并且还将不断上升。无论是那些已经适应了这种炎热环境的科学家，还是创造了一种制冷生态系统来拖延被"煮熟"的威胁的科学家，都会注意到，宇宙正在极速坍缩，每几百万年就会缩小一半。任何仍然存在的星系都将无法被识别，因为它们合而为一了。然而，宇宙空间还是很大的，个别恒星之间发生碰撞的可能性仍然很小。

当宇宙接近最后阶段时，所处的状态将越来越类似于大爆炸后不久就出现的情况。天文学家马丁·里斯（Martin Rees）[①] 对坍缩的宇宙进行了研究。通过应用一般的物理原理，他建立了宇宙最终坍缩阶段的图像。最终，宇宙微波背景辐射会变得非常强烈，以至于夜空会出现暗红色的辉光。宇宙将会慢慢地变成一个无所不包的宇宙熔炉，炙烤着所有脆弱的生命形式，无论它们藏身何处，都难逃此命运，而此时行星的大气层早已被剥离得干干净净。渐渐地，红光会变成黄色，然后变成白色，直到充满宇宙的强烈热辐射威胁到恒星本身的存在。由于无法辐射出能量，恒星会在内部聚集

[①] 英国知名天体物理学家和宇宙学家，霍金同门师兄，其讲述事关宇宙结构的六个常数的重磅新书《六个数》中文简体字版由湛庐文化策划、天津科学技术出版社出版。——编者注

热量并发生爆炸。此时的宇宙空间充满了炽热的气体等离子体，它们一直在猛烈地燃烧，变得越来越热。

随着变化的步伐加快，情况变得更加极端。宇宙开始发生明显变化的时间只需要 10 万年，然后是 1 000 年，再然后是 100 年，朝着灾难加速前进，温度随之上升到数百万开尔文，数十亿开尔文，而占据宇宙广袤空间的物质将被无限压缩，一个星系的质量所占据的空间直径只有几个光年——宇宙的最后三分钟来临了。

宇宙的温度最终变得极其高，原子核也解体了，物质被剥离成了一锅均匀的基本粒子汤。宇宙大爆炸和摧毁一代又一代恒星所创造的重元素的时间，比你我阅读这一页书所花费的时间都要短。持续了数万亿年的稳定的原子核结构，此时会被彻底摧毁。除了黑洞之外，其他所有的结构早已不复存在。宇宙此时显现出一种优雅但险恶的相似性，但时间非常短暂，只有几秒钟而已。

随着坍缩的速度越来越快，温度也随之上升，而且上升的速度越来越快。物质被强烈地压缩，以至于单个质子和中子不复存在，只剩夸克汤。

坍缩会继续加速，此时将是宇宙终极灾难来临前的几微秒。黑洞开始相互融合，其内部情况与宇宙本身的总体坍缩状态几乎没有区别。它们现在只是提前到达末日的一些时空区域，并且正在与宇宙的其他部分连接在一起。

在最后的时刻，引力变成了主导力量，无情地粉碎了物质和空间。时空曲率不断增大。越来越大的空间区域被压缩到越来越小的体积之内。根据传统理论，内爆将在奇点处变得异常强大，将粉碎一切物质，包括空间和时间本身。

这就是世界末日。

据我们了解，这种"大危机"不仅意味着一切物质的结束，更是代表着所有事物的结束。大危机来临时，时间本身就会停止，所以问"接下来会发生什么"将毫无意义，就像问"大爆炸之前发生了什么"一样。任何事情都不存在"下一步"会发生什么，因为没有不流动的时间，也没有虚无的空间。大爆炸时从虚无中诞生的宇宙将会在大危机中化为虚无。曾经辉煌了数亿年的宇宙，此时什么都不会留下。

我们应该为这样的前景感到沮丧吗？哪一种情况更糟糕

呢？是宇宙缓慢地退化和膨胀，直至走向黑暗的虚无状态，还是炙热到内爆，以致被遗忘？在一个注定要走向时间尽头的宇宙中，不朽的希望又在哪里呢？

比起遥远未来不断膨胀的宇宙，面对不断趋近灭亡的生活才更加无望。此时的问题不是缺乏能量，而是能量过剩。然而，可能要在数十亿年甚至数万亿年后，我们的后代才需要准备应对最后的大灭绝。在此期间，生命仍然可以在宇宙中扩展。在最简单的坍缩模型中，空间的总体积实际上是有限的。这是因为空间是弯曲的，并且可以在与球体表面等效的三维空间中相互连接。由此可以想见，聪明的人类可以在整个宇宙中扩散并获得对空间的控制权，从而利用所有可能的资源来应对这场大危机。

我们可能很难理解后代为什么要如此费心。既然无法从大危机中幸存下来，把痛苦延长一点点又有什么意义呢？在宇宙的万亿年中，毁灭发生在末日来临之前的 1 000 万年还是 100 万年，这对年龄为几万亿年的宇宙来说是完全不一样的。但我们不能忘记时间是相对的，人类后代的主观时间将取决于他们的新陈代谢率和信息处理速度。假设他们有足够的时间来改造身体形态，那么就有能力在冥王[1]逼近的过程中获取永生。

　　温度升高意味着粒子运动得更快，物理过程也将发生得更快。一个有思想的人必须具备处理信息的能力。在一个温度不断升高的宇宙中，信息处理速度必然也要加快。对于可以在 10 亿年的时间尺度上利用热力学过程的超人类来说，宇宙的毁灭似乎还需要几年的时间才会到来。只要剩余的时间能在头脑中被无限延长，就不必担心时间的终结。从原则上来说，随着坍缩增速至最后的大危机，未来人类的主观经验可以更快地膨胀，这样就能够以不断加快的思考速度去应对加速到来的世界末日。只要有足够的资源，人类就可以赢得时间。

　　有人可能想知道，在最后时刻，居住在坍缩宇宙的超人类在有限可用的时间内是否拥有无限的独特思想和经验呢？约翰·巴罗和弗兰克·蒂普勒对此展开了研究。答案取决于最后阶段的物理细节。比如，在接近最终奇点的过程中，如果宇宙的速度保持一致，就会出现一个关键的问题。无论思考的速度如何，光速都保持不变，并且光每秒最多可以传播一光秒的距离。由于光速决定了任何物理效应传播的极限速

---

① 古希腊神话中的冥界之王，同时还是掌管瘟疫的神。——编者注

度，因此，在最后一秒内，在间隔大于一秒的宇宙空间之间不会发生通信（这是事件视界的另一个例子，类似于防止信息从黑洞中逃脱）。随着末日的来临，可通信区域的大小和它们所包含的粒子数量会缩小到零。为了使系统能够处理信息，系统的所有部分都需要通信。很明显，随着末日的来临，有限的光速会限制任何可能存在的"大脑"的大小，这反过来又会限制这种大脑可能拥有的不同独特状态的数量，也就是大脑拥有的想法的数量。

为了逃避这种限制，宇宙坍缩的最后阶段必须偏离均匀性。事实上，这种限制发生的可能性非常大。对引力坍缩的大量数学研究表明，随着宇宙的内爆，坍缩的速度将在不同的方向上发生变化。奇怪的是，这不仅仅是宇宙物质在一个方向上比另一个方向收缩得更快的问题，而是会发生振荡，所以坍缩最快的方向会不断变化。事实上，宇宙会在不断增加的暴力和复杂性的周期摆动中走向灭绝。

巴罗和蒂普勒推测，这些复杂的振荡会导致事件视界首先在一个方向上消失，然后又在另一个方向上消失，这样变来变去的形式使空间的所有区域都能保持联系。任何超级大脑都需要快速思考，并将通信从一个方向切换到另一个方向，因为振荡会使一个又一个方向的坍缩加速。如果超人类能跟得上这个速度，振荡本身就可以提供必要的能量来驱动思维过程。此外，在简单的数学模型中，终止于大危机的振荡在大危机到来前的有限时间中，似乎是无穷无尽的，这就提供了无限量的信息处理能力。根据这个假设可以得出，超人类的主观时间是无限的。因此，即使物质世界在大危机中突然终结，精神世界也可能永远不会结束。

一个拥有无限能力的大脑能做什么呢？按照蒂普勒的说法，它不仅能够研究自身存在的各个方面和宇宙的各个方面，凭借其无限的信息处理能力，它还能继续在虚拟现实的狂欢中模拟虚拟世界。以这种方式内化的可能宇宙的数量将是无限的。这样一来，宇宙的最后三分钟不仅会延续到永恒，而且还能模拟各种各样的宇宙。

不过，这些推测取决于非常特殊的物理模型，可能完全不现实。这些推测还忽略了量子效应，而量子效应可能会主导引力坍缩的最后阶段，而且可能会对信息处理速度设置终极限制。如果是这样的话，我们希望，宇宙超人类或超级计算机至少能在可用的时间内对自身的存在产生足够的了解，并接受自己必然走向灭亡的命运。

THE LAST
THREE
MINUTES

10
暴卒和突生

即使我们的后代有一天必须面对最后三分钟，某
种有意识的生物可能总是存在于某个地方。

　　到目前为止，我总是假定宇宙的终结发生在非常遥远的未来，无论是轰轰烈烈的大事件，还是凄凄惨惨的小悲切（或者更准确地说，是大危机或者冷冻）。如果宇宙开始坍缩，我们的后代将有数十亿年的时间来准备应对。不过，还有一个更令人担忧的可能性。

　　正如我之前解释的那样，当天文学家观察天空时，他们看不到宇宙的当前状态，看到的只是宇宙瞬间的一张快照。因为光从遥远的地方到达地球需要时间，所以我们在空间中看到的任何天体，都是该天体在光出发之时的一瞬。望远镜也是一个望时镜。天体离得越远，其年代就越久远。天文学家眼中的宇宙其实是向前穿越时空得到的一张快照，专业术语是"过去光锥"，见图 10-1。

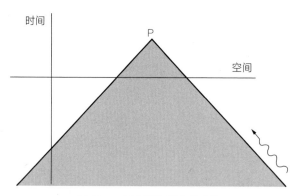

图 10-1　天文学家眼中的宇宙

注：一位天文学家从某个时空点 P（此时此地）观察宇宙，他
　　实际上看到的是过去而非现在的宇宙。沿着以 P 为顶点的
　　"过去光锥"到达的信息用斜线表示。这些斜线表示过去
　　从宇宙的遥远地方汇聚在地球上的光信号的路径。由于没
　　有任何信息或物理现象能比光传播得更快，所以，观察者
　　在图示时刻只能知道阴影区域发生的影响或者事件。"过
　　去光锥"之外的世界末日事件可能正在向地球发送灾难性
　　的信号（波浪线），但观察者在影响到达之前并不会注意
　　到这一点，这大约也是一种幸福。

　　根据相对论，没有任何信息或物理现象能比光传播得更
快。因此，"过去光锥"不仅标志着所有关于宇宙的知识的
界限，而且也标志着此刻所有可能影响我们的事件的界限。
由此可见，任何以光速向我们袭来的物理影响都是毫无预
兆、无法预防的。如果大灾难沿着"过去光锥"朝我们而来，

厄运就会在没有预兆的情况下来临。我们首先要知道的是，大灾难什么时候会来临。

举一个简单的例子，如果太阳现在发生爆炸，那么大约8分半钟后我们才会知道这一事实，这是光从太阳到达地球所需要的时间。同样，附近的一颗恒星很有可能已经爆发成超新星了，这一事件可能使地球沐浴在致命的辐射中，但当坏消息以光速穿越银河系时，我们仍将对此一无所知。尽管现在的宇宙看起来非常安静，但我们并不能确定真正可怕的事情有没有发生，有可能已经发生了。

宇宙中大多数突发性暴力事件所造成的损害仅限于宇宙的直接受害区域。恒星死亡或者物质进入黑洞，只会扰乱行星和附近那些距离几光年远的恒星。最壮观的爆发可能源于一些降临到某些星系核心的事件。正如我所描述的，巨大的喷射物有时会以接近光速的速度喷射出来，同时释放出巨量辐射，这就是银河系尺度上的暴力事件。

宇宙大毁灭事件又会是何种情形呢？可能会发生大震动吗，就像中年时的一次中风摧毁一个人那样，一下子摧毁整个宇宙？真正的宇宙大灾难可能已经触发了吗？会不会它令人不快的影响正在席卷"过去光锥",正在向时空中脆弱的生态位逼近?

1980 年,物理学家西德尼·科尔曼（Sidney Coleman）和弗兰克·德·卢西亚（Frank De Luccia）在《物理评论 D》(*Physical Review D*) 期刊上发表了一篇题为《引力对真空衰变的影响以及真空衰变对引力的影响》(*Gravitational Effects on and of Vacuum Decay*) 的令人担忧的论文。他们所指的真空不仅是真空空间,而且是量子物理的真空状态。在第 3 章中,我已经解释了,人类眼中的真空状态实际上是被短暂的量子填充,就像幽灵般的虚粒子在随机的嬉戏中出现又消失一样。回想一下,这种真空状态可能不是唯一的,可能会有几个量子态,它们看起来都是空的,但拥有不同程度的量子活动和不同的关联能量。

高能量态趋向于衰变为低能量态,这是量子物理学中的一条原理。比如,一个原子可能存在于一系列的激发态中,所有这些激发态都是不稳定的,并且会试图衰变到最低能量,即稳定的基态。同样,一个激发态的真空会衰变为最低能量态,或者真真空。非常早期的宇宙处于激发态或者伪真空状态,在此期间,它急速暴胀,但在很短的时间内,这种状态会衰减到真真空状态，暴胀就此停止。

　　通常的假设是，宇宙的当前状态对应的是真真空，也就是说，我们这个时代的真空是能量最低的真空。但这一点是确定的吗？科尔曼和德·卢西亚认为，目前的真空可能不是真真空，而是一种长期存在的、可转移的伪真空，这种真空使我们陷入了一种虚假的安全感中，因为它已经持续了数十亿年。我们知道许多量子系统的半衰期为数十亿年，比如铀原子核。你认为当前真空属于这一类吗？科尔曼和德·卢西亚论文标题中提到的"真空衰变"是指灾难的可能性，即当前真空可能会突然失效，使宇宙进入一个更低的能量状态，从而带来可怕的后果。

　　科尔曼和德·卢西亚假说中的关键是量子隧穿效应。量子粒子被力的势垒俘获的情景可以很好地解释量子隧穿效应。假设粒子位于两个由丘陵中间的小山谷中，如图10-2所示。当然，这不一定是真正的山丘，比如，它们可以是电场或者核力场。在没有超越山丘（或克服力障）所需能量的情况下，粒子就会永远被捕获。但请记住，所有的量子粒子都受制于海森堡提出的不确定性原理，该原理允许粒子在短时间内借用能量。这带来了一个有趣的可能性。如果粒子能借用足够的能量到达山顶，并且必须在能量耗尽之前穿过另一侧，它就可以从陷阱里逃逸出来。实际上，它会借助隧道穿越势垒，好像它根本就没有在来的地方待过一样。

图 10-2　量子隧穿效应

注：如果量子粒子被困在两个山丘之间的山谷中，那么它将通过借用的能量越过山丘而逃逸的可能性很小。实际上，这是通过穿越势垒形成的量子隧穿效应。一种常见的情况是，某些元素原子核中的 α 粒子穿过核力势垒，然后飞离原子核，这种现象被称为 α 放射性。在这个例子中，"山"由核动力和电力组成，这里画的只是示意图。

量子粒子从这样的陷阱中穿洞而出的概率在很大程度上取决于势垒的高度和宽度。势垒越高，粒子需要借用的能量就越多，才能到达山顶。此外，根据不确定性原理，相应的能量借贷期限也越短。因此，只有当高势垒很薄时，量子粒子才能利用隧穿效应足够快地穿过势垒，按时偿还借来的能量。量子隧穿效应在日常生活中并不明显，因为宏观势垒太高太宽，量子无法产生巨大隧穿效应。从原则上来说，一个人可以步行穿过一堵砖墙，但促使发生这种奇迹般的量子隧穿效应的概率非常小。而在原子尺度上，量子隧穿效应是非常常见的。比如，α放射性正是通过这种机制出现的。量子隧穿效应还被用在了半导体和其他一些电子产品上，比如扫描隧道显微镜。

关于真空可能衰变的问题，科尔曼和德·卢西亚推测，构成真空的量子场可能会受到如图10-3所示的力的影响（这里只是一种比喻）。目前的真空状态对应A谷底部，真真空对应B谷底部，低于A谷。真空想要从高能量状态A衰变到低能量状态B，会受到分离它们的"小山"或力场的阻止。尽管山丘阻碍了衰变，但由于量子隧穿效应，它并不能完全阻止衰变：系统可以从A谷穿到B谷。如果这一理论是正确的，那么宇宙就是在借来的时间上生存，挂在A谷的上方，但它一定有机会在某个任意时刻借助量子隧穿效应进入B谷。

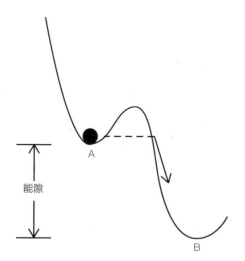

图 10-3　伪真空态和真真空态

注：可能出现这样的情况：真空 A 的当前量子态可能不是最低
能态，但即使如此，该真空 A 却能通过一种高空谷状态保
持准稳。然后，这种量子态借助隧穿效应衰减到真正稳定
的基态 B 的可能性很小。真空气泡的形成促成了这些状态
之间的转换，从而释放出大量的能量。

科尔曼和德·卢西亚用数学方法模拟了真空的衰变，以
追踪这种现象的发生方式。他们发现，衰变从空间中的一个
随机位置开始，以一个真真空的小气泡的形式出现，周围是
不稳定的伪真空。一旦真真空的气泡形成，它将以接近光速
的速度快速膨胀，吞没越来越大的伪真空区域，并瞬间将其

转化为真真空。这两种状态之间的能量差可能具有我在第3章讨论过的那种巨大价值，它集中在气泡壁上，并横扫整个宇宙，这意味着它经过时遇到的一切事物都会被毁掉。

只要当气泡壁出现，世界的量子结构突然发生变化时，我们才会知道真真空气泡的存在。我们甚至连三分钟的警告时间都没有。瞬间，所有亚原子粒子的性质及其相互作用都会发生剧烈变化；比如，质子可能会立即衰变，在这种情况下，所有物质都会突然蒸发。剩下的东西会处于真真空气泡中——一种与我们目前所观察到的状态非常不同的真空态。最重要的区别与引力相关。

科尔曼和德·卢西亚发现，真真空的能量和压力会产生一种强烈的引力场，该引力场极其强烈，即使气泡发生了膨胀，真空气泡所包围的区域也会在不到一微秒的时间内坍缩。这一次，不像缓缓到来的大危机那样，真空气泡所包围的区域会内爆缩成一个时空奇点，一切都会突然湮灭。简而言之，这是一场瞬时的大灾难。"这太令人沮丧了，"两位作者巧妙而又轻描淡写地进行了评论，"我们生活在一个伪真空中的可能性从来都不令人振奋和值得期待。真空衰变是生态大灾难。当真空衰变后，我们所知道的生命不可能幸存，也不可能出现化学反应。然而，人们总是试图从这样一种可能性中获取安慰：也许在一段时间后，新的真空会持续下去，即使不是我们所熟悉的生物，至少也是我们知道的某些结构。然而，这种可能性现在已经被排除了。"

科尔曼和德·卢西亚的论文发表后，真空衰变可能会产生的可怕后果成为物理学家和天文学家讨论的热门话题。在发表于《自然》上的一项后续研究中，宇宙学家迈克尔·特纳（Michael Turner）和物理学家弗兰克·威尔茨克（Frank Wilczek）得出了一个天启式的结论："从微观物理学的角度来看，我们的真空是亚稳态的，这是完全可以想象的……真真空气泡可能会毫无预警地在宇宙的某个地方成核，并以光速向外移动。"

特纳和威尔茨克的论文发表后不久，彼得·胡特（Piet Hut）和马丁·里斯也在《自然》上发表了一篇文章，提出了一个令人恐慌的论点，即一个使宇宙遭到破坏的真空气泡之所以成核，可能是由粒子物理学家无意中触发的。令人担忧的是，亚原子粒子的高能碰撞可能会在一个很小的空间内瞬间创造条件，并促使真空原子衰变。一旦发生这种转变，即使在微观尺度上，也无法阻止新形成的气泡快速膨胀到天文尺度。那么，我们应该禁止建造下一代粒子加速器吗？胡特和里斯对此进行了重新评估，他们指出，一方面，宇宙射线所获得的能量比我们在粒子加速器中所能获得的能量要高，而这些宇宙射线已经在地球大气中撞击原子核有数十亿年了，并没有引发真空衰变。另一方面，随着加速器能量提高几百倍左右，我们也许能够制造出比宇宙射线对地球的撞击更有能量的碰撞。然而，真正的问题不是真空气泡的成核现象是否会在地球上出现，而是它是否在大爆炸之后的某个时刻在可见宇宙中的某个地方已经成核。胡特和里斯还指出，两条宇宙射线发生迎面碰撞的概率非常小，其能量比现有加速器可能的能量高出 10 亿倍。综上所述，我们现在还不需要完善的监管设备对其进行监管。

矛盾的是，真空气泡成核的现象虽然会威胁宇宙的存在，但在稍有差异的背景下，这又被证明是宇宙居民唯一可选的拯救方式。逃避宇宙灭亡的一个可靠方法是，创造一个新的宇宙并逃到那里。这听起来像一种疯狂的幻想，但近年来，"婴儿宇宙"已经成为科学家广泛研究的话题，有关它是否存在的争论也非常严肃。

这一课题最初是 1981 年由一个日本物理学家小组提出

来的，他们用一个简单的数学模型对一个被真真空包围的伪真空小气泡的行为变化特性进行了研究，结果与刚才讨论的情况相反。据预测，伪真空气泡将以第 3 章描述的方式膨胀，在大爆炸中迅速膨胀成一个大宇宙。起初，伪真空气泡的膨胀必然会引起气泡壁的膨胀，以至于伪真空区域发生增长，代价是牺牲真真空区域。但这与低能量态的真真空应该取代高能量态的伪真空的预期相矛盾。

奇怪的是，从真真空来看，伪真空气泡占据的空间区域似乎没有膨胀。实际上，它看起来更像一个黑洞，类似神秘博士的时间机器塔迪斯 ①，里面看起来比外面大。位于伪真空气泡内的观察者会看到宇宙膨胀到巨大的尺度，但从外部看，这个气泡仍然是致密的。

为了观察这种特殊情况，我们可以用一块橡胶板来做类比。设想橡胶板的一个地方起了一个气泡，然后膨胀起来（见图 10-4）。气泡形成一种婴儿宇宙，通过脐带或"虫洞"与母体宇宙相连。从母体宇宙来看，虫洞的喉部似乎是

---

① 塔迪斯（Tardis）是英国科幻电视剧《神秘博士》（Doctor Who）中的宇宙飞船和时间机器。——编者注

一个黑洞。这种结构是不稳定的，因为黑洞很快会被霍金效应蒸发，完全从母体宇宙中消失。结果是，虫洞被挤压掉了，与母体宇宙分离的婴儿宇宙变成了一个新的、独立的宇宙。假设从母体宇宙那里萌芽出来之后，婴儿宇宙的发展与当前宇宙的发展是一样的：短暂的暴胀，然后减速。这个模型有一个明显的含义，即我们自己的宇宙可能是以这种方式作为另一个宇宙的后代而产生的。

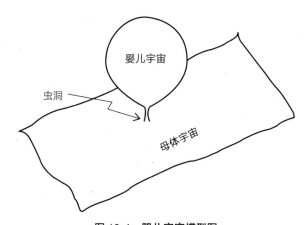

图 10-4　婴儿宇宙模型图

注：气泡像气球那样从母体宇宙中被释放出来，形成一个婴儿宇宙，通过一个脐带一样的虫洞与母体宇宙相连。从母体宇宙的角度来看，虫洞的喉部似乎是一个黑洞。随着黑洞的蒸发，虫洞的喉部被掐掉，进而切断了母体宇宙与婴儿宇宙的连接，使婴儿宇宙成为一个独立存在的宇宙。

暴胀理论的提出者艾伦·古斯（Alan Guth）和他的同事已经研究了在实验室里创造出新宇宙的可能性。这个实验不像将伪真空衰变为真真空气泡那样骇人听闻，创造一个被真真空包围的伪真空气泡，并不会威胁到宇宙的存在。事实上，尽管实验可能会引发大爆炸，但爆炸将完全局限在一个很快会蒸发的小黑洞内。新宇宙将创造一个属于自己的空间，而不是吞噬掉宇宙中任何一个空间。

尽管这个想法仍然是推测性的，并且完全基于数学推理，但一些研究表明，沿着这种思路，通过以精心设计的方式集中大量的能量，我们有可能会创造出一些新宇宙。在遥远的将来，当目前的宇宙变得不适合居住或接近大危机时，我们的后代可能会永远离开之前的宇宙，启动新宇宙的萌芽过程，然后在虫洞的脐带被掐掉之前，爬进临近的宇宙，完成移民的终极目标。当然，没有人知道这些无畏的人类如何完成或者能否完成这一壮举。至少，穿过虫洞的旅程会很不舒服，除非他们钻进去的黑洞非常大。

忽略这些实际问题，婴儿宇宙的这种可能性为我们的后代以及宇宙带来了真正永恒的前景。我们应该考虑的不是宇宙的生死，而是一个宇宙家族的无限繁衍，每一个家族都会孕育出新一代的宇宙，新宇宙也许会成批诞生。有了这样的宇宙繁衍，宇宙的集合或元宇宙（正如它真正应该被叫的名字）可能没有开始也没有结束。每一个单独的宇宙都会以本书前几章所描述的方式诞生、演化和消亡，但作为一个整体，这个集合将永远存在。

这种设想引发了这样一个问题：创造出一个像当前宇宙一样的新宇宙是自然事件（比如自然分娩的婴儿），还是蓄意操纵的结果（比如试管婴儿）。我们可以假设母体宇宙中有一个相当先进而又利他的人类社会，他们决定创造一个幼小的宇宙，但目的不是为自己的生存提供逃生之路，而仅仅是为逃离宇宙注定消亡的结局，让生命永久存在。这就消除了在决定建造可穿越的虫洞进入婴儿宇宙时面临的巨大障碍。

我们尚不清楚婴儿宇宙会在多大程度上带有其母亲的遗传印记。物理学家还不明白各种自然力和物质粒子为什么具有各自的特性。一方面，这些特性可能是自然规律的一部分，在任何宇宙中一旦被确定，所有宇宙中的物质都会受这些规律的制约。另一方面，某些特性可能是演化中发生的意外事件的结果。比如，可能有几个真真空都具有相同或者几

乎相同的能量，也有可能当伪真空衰退到暴胀期结束时，它
只是从众多可能的真空状态中随机选择了一个。就宇宙的物
理学而言，真空态的选择将决定粒子的许多特性以及它们之
间的作用力，甚至可以决定空间的维度。婴儿宇宙可能和母
体宇宙有完全不同的性质，也许只有极少数的后代才有可能
拥有生命，婴儿宇宙的物理学与当前宇宙的物理学应该非常
相似。或者，也许有一种遗传原理可以确保婴儿宇宙紧密
地继承母体宇宙的属性，除了奇怪的变异之外。物理学家
李·斯莫林（Lee Smolin）就提出，婴儿宇宙中可能存在一
种达尔文式的进化在宇宙间运行，间接地鼓励生命和意识的
出现。

　　更有趣的是，宇宙可能是在母体宇宙中通过智能操控的
方式被创造出来的，并被刻意赋予了产生生命和意识的必要
属性。这些想法都不是毫无根据的胡思乱想，宇宙学仍然是
一门非常年轻的科学。上述奇思妙想至少可以作为前几章悲
观预测的某种安慰。它们暗示了这种可能性：即使我们的后
代有一天必须面对宇宙的最后三分钟，但某种有意识的生物
可能总是存在于某个地方。

THE LAST THREE MINUTES

11
世界没有尽头吗

宇宙可能会膨胀到最大尺度，然后发生大坍缩，但坍缩并不一定意味着完全自我毁灭，也可能是以某种方式"反弹"，开始另一轮膨胀和坍缩的循环。

　　我在第 10 章末尾讨论的奇怪想法并不是逃避宇宙末日的唯一可能性。每当我讲述宇宙的终结时，总会有人问我关于循环宇宙模型的问题。我对此的想法是：宇宙膨胀到最大尺度后会发生大坍缩，但坍缩并不一定意味着完全自我毁灭，而是以某种方式"反弹"，开始另一轮膨胀和坍缩的循环（见图 11-1）。这一过程可能会永远持续下去，在这种情况下，宇宙将没有真正的开始或结束，即使每一个宇宙的循环都有一个独特的开始和结束。循环宇宙模型是一种理论，特别吸引那些受印度教和佛教神话影响的人，在这些神话中，出生和死亡、创造和毁灭的循环是教义的重要组成部分。

时间

图 11-1　循环宇宙模型

注：宇宙以周期性的方式在非常紧密的状态和非常膨胀的状态
　　之间波动。每轮循环都从大爆炸开始，以大危机结束，并
　　且在时间上近似对称。

关于宇宙的终结，我提出了两种截然不同的科学设想，每一种设想都会让人产生不安的情绪。第一种设想是，宇宙会在大危机中完全湮灭，但这一事件可能在遥远的将来才会发生。第二种设想是，宇宙在有限的辉煌活动期之后，会永恒地陷入一种苍凉虚无的热寂状态，这也是非常令人沮丧的。事实上，每种设想都有可能使我们的超人类后代获得无限的信息处理能力，这对热情的我们来说可以算作一种冷酷的安慰。

宇宙循环模型的魅力在于，它避开了"完全湮灭"这个幽灵，其中的宇宙不会永久地退化和衰变。为了避免无止境的徒劳重复，每次循环之间应该有所不同。这个理论的一个流行版本是，每一个新的循环都像凤凰涅槃一样从死亡中重生，新宇宙从上一个宇宙的死亡中诞生，演变出新的系统和结构，并在下一次大危机清除干净往事之前，探索新的丰富多彩的世界。

尽管这个理论看起来很有吸引力，但不幸的是，它也存在严重的物理问题亟须解决。其中之一是，确定一个可信的过程，能允许坍缩的宇宙以某个非常高的密度反弹，而不是在大危机中湮灭。在坍缩后期，必须存在某种逐渐增强的反引力，以扭转内爆的势头，对抗强大的引力挤压力。目前我们还不知道是否存在这种力，如果它存在，其性质一定很奇特。

暴胀理论正是假设了存在这种强大的排斥力。然而，产生暴胀力的激发态真空是高度不稳定的，很快就会衰退。虽然我们可以想象这种微小而又简单的新生宇宙本就应该起源于这样一种不稳定的状态，但如果假定宇宙在一个复杂的宏观条件下会收缩，并可以在任何地方恢复到激发态真空，就是另一回事了。这种情况类似于将一支铅笔笔尖朝下立起，铅笔很快倒掉一样，倒掉很容易，但使它笔尖朝下立起来就难多了。

即使假设可以以某种方式克服这些问题，但循环宇宙理论仍然存在严重的问题。其中一个难题我已经在第 2 章讨论过。受以有限速度进行的不可逆的过程支配的系统在一段有限的时间后，趋向于达到最终状态。正是这个原理在 19 世纪引出了宇宙热寂的预测。宇宙循环理论并不能克服这一困难。我们可以将宇宙比作一个缓慢减速的时钟，除非以某种给定的方式重新运转，否则它的活动将不可避免地终止。什么机制能够在宇宙时钟自身不受不可逆转过程支配的情况下重新运转起来呢？

乍一看，宇宙的坍缩阶段似乎是膨胀阶段出现的那些物理过程的逆转。分散的星系被拉回到一起，冷却的宇宙微波背景辐射被重新加热，复杂的元素又被分解成一锅基本粒子汤。大坍缩前的宇宙状态与大爆炸后的宇宙状态非常相似。然而，对称只是表面的。我们可以从下面这个事实中得到证明：当宇宙膨胀变成坍缩时，生活在坍缩时期的天文学家在数十亿年中还能继续看到遥远的星系在退行，宇宙看起来仿佛仍然在膨胀，尽管它正在坍缩。这种错觉是由有限的光速造成的滞后现象。

20 世纪 30 年代，宇宙学家理查德·托尔曼（Richard Tolman）展示了这种滞后现象是如何破坏循环宇宙的表面对称性的。原因很简单。宇宙是携带着大爆炸后遗留的大量热辐射开始向外膨胀的。随着时间的推移，星光增强了这种辐射，因此在经过几十亿年后，宇宙空间中积累的星光所包含的能量几乎与背景热能一样多。这意味着，宇宙在接近大危机时，散布在整个宇宙中的辐射能比大爆炸刚刚发生后的辐射能要多得多。所以，当宇宙最终坍缩到与当前宇宙相同的密度时，它会变得更热。

根据爱因斯坦的方程式 $E=mc^2$，超额的热能是由宇宙包含的物质提供的。在产生热能的那些恒星内部，氢等轻元素被加工成铁等重元素。一个铁原子核通常含有 26 个质子和 30 个中子。这样的原子核的质量应该是 26 个质子和 30 个中子的质量，但事实并非如此。这个组装后的原子核比单个粒子的质量总和轻约 1%。"遗失"的质量是由强大的核力在原子核内产生的巨大束缚能造成的。这部分能量所代表的质量被释放出来提供给了星光。

这一切的结果便是，能量从物质完全转化为辐射。因为辐射的引力与具有相同能量的物质的引力大不相同，所以这种转化对宇宙坍缩的方式有着重要的影响。托尔曼指出，宇宙坍缩阶段的超额辐射会使宇宙的坍缩速度变得更快。如果以某种方式使反弹出现，那么宇宙也会以更快的速度膨胀。换句话说，每一次大爆炸都应当比上一次更大。结果便是，随着每个新的循环的开始，宇宙将会膨胀到更大的尺度，因此循环将逐渐变大，时间变长（见图 11-2）。

宇宙循环这种不可逆的增长过程并不神秘，这是热力学第二定律的必然结果。辐射的累积代表着熵的增加，它以循环越来越大的形式在引力上表现出来。然而，它确实终结了真正的循环，因为宇宙会随着时间的推移而演化。回溯过去，这些循环串联在一起形成了一个复杂而混乱的开始，而未来的循环无限膨胀，直到它们变得很长很长，以至于任何一个给定的循环在很大程度上都无法与宇宙膨胀模型的热寂情景区分开来。

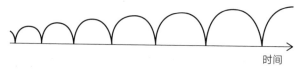

图 11-2　不断增大的循环宇宙模型

注：一些不可逆的过程导致宇宙循环变得越来越大，从而破坏了真正的循环。

自托尔曼提出宇宙循环的对称性会遭到破坏的观点以来，其他宇宙学家也发现，一些物理过程也会破坏每一次循环的膨胀和坍缩阶段的对称性。其中一个例子是黑洞的形成。在标准模型中，宇宙开始时没有任何黑洞，但随着时间的推移，恒星的坍缩和其他过程会导致黑洞形成。随着星系的演化，越来越多的黑洞出现了。在宇宙坍缩的最后阶段，压缩将促使形成更多的黑洞，一些黑洞还可能合并形成更大的黑洞。因此，宇宙在接近大危机时的引力结构比大爆炸刚发生时更加复杂，因为此时的黑洞更多。如果宇宙开始反弹，下一轮循环将会以比前一轮拥有更多的黑洞开始。

这一结论似乎是不可避免的，任何一种循环宇宙，只要它允许将物理结构和物理系统从一轮循环传播到下一轮循环，就无法规避热力学第二定律的退化影响，热寂还是会出现。回避这一令人沮丧的结局的一种方法是，假设宇宙反弹时的物理条件是非常极端的，以致有关早期循环的信息无法传递到下一轮循环宇宙。所有先前的物理物体都被摧毁，所有的影响统统消失，新宇宙完全是从无到有重生的。

然而，这种模式并没有什么吸引力。如果每个循环在物理上与其他循环是断开的，那么一定要说这些循环是相互继承的，或者说代表同一个宇宙以某种方式获得了延续，有什么意义呢？这些说循环宇宙实际上是截然不同的独立宇宙，可以说是平行存在的，而不是以某种次序存在的。

另一种方法是，假设热力学第二定律被违反了，所以在宇宙反弹时，"时钟重新运转起来"。热力学第二定律失效导致的破坏意味着什么？我们举一个热力学第二定律起作用的简单例子，比如香水从瓶子里蒸发出来。逆转香水的命运将需要大规模的、有组织的协调安排，如同一场大阴谋。在这场阴谋中，整个房间里的每一个香水分子都要被吸回到瓶子里去。这就像一部倒放的"电影"。正是从热力学第二定律中，我们认识到了过去与未来之间的区别——时间箭头。因此，违反热力学第二定律就意味着时间的倒转。

当然，当听到世界末日的霹雳声时，假定时间可以发生简单的逆转，以逃避宇宙的灭亡，这多多少少是一种无能的表现。这就好比当旅途变得艰难时，人们只是在倒放这部伟大的宇宙影片！尽管如此，这个想法还是吸引了一些宇宙学家。20世纪60年代，天体物理学家托马斯·戈尔德（Thomas Gold）提出，对于一个再次坍缩的宇宙来说，在坍缩阶段，时间可能会倒流。他指出，这种倒流将包括在那段时间周围的任何生物的大脑功能，因此这使他们的主观时间感也倒了过来。因此，坍缩阶段的居民不会看到他们周围的一切东西在"往回跑"，而是会像我们一样经历事件的向前流动。比如，他们会发觉宇宙在膨胀，而不是坍缩。但在他们看来，我们的宇宙正处于坍缩阶段，我们的大脑则是向后退行处理问题的。

20 世纪 80 年代，斯蒂芬·霍金也曾考虑过时间逆转宇宙的想法，后来放弃了，不过他也承认这是他"最大的错误"。霍金起初认为，将量子力学应用于循环宇宙需要详细的时间对称性。然而，事实证明，至少在量子力学的标准公式中，情况并非如此。最近，物理学家默里·盖尔 – 曼（Murray Gell-Mann）和詹姆斯·哈妥（James Hartle）讨论了对量子力学规律的某种修正。修正的规律简单地强制设定了时间的对称性，然后探讨了这种情况在当前宇宙中是否会引起任何可观察到的结果。到目前为止，我们还不清楚答案是什么。

俄罗斯物理学家安德烈·林德（Andrei Linde）提出了一种完全不同的避免宇宙灭亡的方法，该方法基于宇宙暴胀理论。在最初的暴胀宇宙设想中，人们认为非常早期的宇宙的量子状态对应的是一个特定的激发态真空，这种真空有暂时驱动失控的暴胀现象。1983 年，林德提出，早期宇宙的量子态可能会以一种混沌的方式因地而异，有些区域是低能态，有些是中等激发态，而某些区域则是高激发态。处于激发态的地方就会发生暴胀。此外，林德对量子态行为的计算清楚地表明，高激发态的暴胀速度最快，衰变速度最慢。因此，在特定的空间区域中，能态激发得越高，宇宙在该区域的暴胀就越剧烈。很明显，在很短的时间后，能量达到最大化，暴胀最快的空间区域膨胀得也最大，占据了整个空间的最大部分。林德还将这种情况同达尔文进化论或者经济学联系了起来。如果一个量子成功地涨落到一个非常强烈的激发态，尽管这意味着要借用大量的能量，但作为回报，该区域的体积会出现巨大增长。因此，那些借了很多能量、处于超级暴胀的区域很快占据了主导地位。

这种无序暴胀的结果便是，宇宙将被分割成一个个小宇宙，或者气泡，有些在疯狂地暴胀，有些则完全不暴胀。因为一些区域（仅仅是随机波动的结果）会有非常大的激发能，这些区域的暴胀会比原始理论中假设的暴胀强烈得多。但因为这些恰恰是暴胀最严重的区域，在后暴胀宇宙中随机选择的一个点很可能位于这样一个高度暴胀的区域。因此，我们的宇宙可能就位于一个超级暴胀区域的深处。林德计算出，这样的大气泡可能已经膨胀了 10^8 倍，即 1 后面跟着 1 亿个零！

当前的超级宇宙不过是众多高度暴胀的宇宙气泡中的一个，因此，在巨大的宇宙尺度上，宇宙看起来仍然非常混乱。我们这个宇宙气泡的延伸距离之远大大超出了当前可见宇宙的范围，在它的内部，物质和能量几乎均匀地分布，但在我们的气泡之外，还存在着其他气泡以及仍处于暴胀过程中的区域。事实上，在林德的模型中，暴胀永远不会停止：总有一些空间区域正发生暴胀，新的气泡正在形成，即使其他的一些气泡走完循环已经死亡。这是另一种形式的永恒宇宙，类似于第 10 章讨论的婴儿宇宙理论。在这种宇宙中，生命、希望和宇宙都是永恒的。目前这种宇宙模型还存在一些争论，因暴胀产生的新气泡宇宙可能永不会结束，也可能不会开始。

其他宇宙气泡的存在能否为我们的后代提供一条生命线呢？他们能否在适当的时候转移到另一个更年轻、拥有大量时间的宇宙气泡中，来避免宇宙气泡的末日呢？ 1989 年，林德在《物理快报》(Physics Letters) 上发表了一篇题为《暴胀后的生命》(Life after Inflation) 的文章，探讨的正是这个问题。他写道："这些结果意味着，在暴胀宇宙中，生命永远不会消失。不幸的是，这个结论并不意味着人们可以据此对人类的未来会感到乐观。"林德指出，任何特定的领域或宇宙气泡，都将慢慢变得不适合居住。林德总结道："我们现在所能看到的唯一可能的生存策略是从旧区域搬到新区域。"

令人沮丧的是，在林德的暴胀理论版本中，一个典型的宇宙气泡的尺度是巨大的。他计算出，离我们最近的宇宙气泡可能非常遥远，如果以光年为单位，1后面必须跟几百万个零，这个数字太大了，要一本百科全书才能完整地写出来。即使以接近光的速度旅行，若想到达另一个宇宙气泡，也要花费同样的时间，除非我们运气非常好，碰巧处于宇宙气泡的边缘。林德指出，即使发生上述这种幸运的情况，也只有当我们的宇宙继续以可预测的方式不断暴胀才能获得。

一旦支配宇宙的物质和辐射被无限稀释，即使最微小的物理效应——在当下完全不明显的物理效应，也可能最终会决定宇宙的暴胀方式。比如，宇宙中可能一直就存在着一种极其微弱的暴胀力，目前完全被物质的引力效应淹没，但考虑到人类逃离当前宇宙气泡所需的时间非常长，暴胀力终将被人类觉察到。在那种情况下，因为时间充裕，宇宙将再次暴胀，但这次暴胀不是在疯狂的大爆炸中发生，而是非常缓慢地进行，这种方式就像是对大爆炸的微弱模仿。尽管这种暴胀可能是微弱的，但它将会永远持续下去。宇宙的增长只会以很小的速度加速，而它的加速源自一个至关重要的物理效应。该效应会在气泡中生成一个事件视界，它就像一个里外颠倒的黑洞，实际效果就像一个陷阱。任何活下来的生物都会无助地被深深地埋在我们的宇宙气泡中，这是因为，当它们加速向宇宙气泡的边缘前进时，由于新的暴胀，边缘会退得很快。林德的计算虽然很荒谬，却很好地说明了一点，即未来对人类或我们后代的最终命运产生决定作用的微小的物理效应，在表现出宇宙学意义之前，我们没有希望可以探测到它们。

　　林德的宇宙学理论在某些方面让人想起了旧的宇宙恒稳态理论，该理论在 20 世纪 50 年代和 60 年代早期非常流行，即使到了今天，它仍然是避免宇宙末日最简单和最有吸引力的学说。在赫尔曼·邦迪（Hermann Bondi）和托马斯·戈尔德所阐述的最初版本中，恒稳态理论假定，宇宙在大尺度上永远保持不变。因此，它没有开始，也没有结束。随着宇宙的膨胀，不断会有新的物质来填补空隙，依次保持总的密度不变。任何给定星系的命运都与我在前面章节中所描述的相似：出生、演化和死亡。但是，越来越多的星系总是在形成，并且总是从新创造的物质中形成，这种物质供应是取之不尽的。因此，从一个时代到下一个时代，宇宙作为一个整体的总体面貌看起来都是相同的，在一个给定的空间中，由不同时代星系组成的星系总数是一样的。

　　宇宙恒稳态理论不需要解释宇宙是如何从无到有诞生的，它将有趣的变化通过演化与宇宙的永不终结结合了起来。事实上，这种理论保障了恒稳态宇宙可以永远保持年轻，因为尽管单个星系会慢慢死亡，但宇宙作为一个整体永远不会变老。我们的后代也不需要四处寻找难以捉摸的能源，因为新物质是免费提供的。当旧星系的燃料耗尽时，我们的后代就会转移到一个更年轻的星系上。这种状态可以无限地延续下去，宇宙的活力、多样性和活动也将永远保持下去。

　　然而，若是宇宙恒稳态理论成立，还需要某些必要的物理条件。由于膨胀，宇宙体积每几十亿年便会增长一倍。若想保持恒定的密度，在这段时间内需要创造出大约 10^{50} 吨的新物质。这虽然看起很多，但平均来说，只相当于每 100 年在机舱大小的空间内出现一个原子。这种现象我们不太可能会注意到。这个理论还存在一个更严重的问题，其涉及负责创造物质的物理过程的性质。至少，我们应该知道提供额外质量的能量从哪里来，以及这个神奇的能量魔瓶是如何做到取之不尽的。弗雷德·霍伊尔和其合作者贾扬特·纳利卡（Jayant Narlikar）共同解决了这个问题，他们非常详细地发展了宇宙恒稳态理论，提出用一种新的能量场——创造场，来提供能量。创造场被假定具有负能。每一个质量为 m 的新物质粒子的出现，都会对创造场贡献一个大小为 mc^2 的负能量。

尽管创造场从技术上解决了创生这个难题，但它仍然存在许多无法解释的问题。创造场很特别，我们从这个神秘场中看不出任何其他表征。然而，20 世纪 60 年代开始，科学家通过观测发现的证据与恒稳态理论相悖，其中最重要的是宇宙微波背景辐射的发现。这种统一的背景辐射被认为是宇宙大爆炸的遗迹，它在恒稳态理论中很难得到令人信服的解释。此外，对星系和射电星系的探测明确无误地证明，宇宙在大尺度上是不断演化的。当证据变得确凿无疑时，霍伊尔和他的同事放弃了宇宙恒稳态理论的简单版本。不过有时候，还是有人会重新提出更复杂的版本。

除了物理和观测问题外，宇宙恒稳态理论还提出了一些奇怪的哲学难题。比如，如果我们的后代拥有无限的时间和资源，他们的技术发展就不会受到限制，他们可以自由地在宇宙中传播，从而控制越来越多的空间。因此，在遥远的未来，大部分宇宙都会实现技术化。但是根据假设，宇宙的大尺度性质应该是不会随时间而变化的，因此恒稳态理论迫使我们不得不得出这样的结论：我们今天看到的宇宙已经被技术化了。由于恒稳态宇宙中的物理条件在所有时期都是完全相同的，所以智慧生命也必须在所有时代出现。因为这种状态永恒存在，有一些人类社区可能已经存在了任意长的时间，并且将会扩展并占据任意大小的空间（包括我们的宇宙），将其技术化。即使假设智慧生命没有移民宇宙的意愿，我们也无法回避这个结论。只要有一个这样的社区在很久以前出现过，这个结论就有效。另外一个难题是：在无限的宇宙中，任何事情，哪怕只有极微小的可能性，都必定会在某个时间段发生，而且会无限次地发生。根据这个逻辑可以得出一个痛苦的结论，恒稳态理论预测，宇宙的种种过程与其居民的技术活动是同一的。事实上，我们所说的大自然就是某种超人类或超人类社会的活动。这似乎是柏拉图式的"造物主"①的一个版本，有趣的是，霍伊尔在他后来的宇宙学理论中毫不掩饰地鼓吹了这种超人类。

任何关于宇宙末日的讨论都会迫使我们面对宇宙的目标问题。我已经指出，一个走向灭亡的宇宙前景使伯特兰·罗

---

① 一个在已经制定的物理法则范围内工作的神。

素确信，生存最终是徒劳无益的。近年来，史蒂文·温伯格也表达了同样的观点，他在《最初三分钟》一书中提出了一个鲜明的结论："宇宙变得越容易理解，它就越显得毫无意义。"我认为，宇宙突然死于一场大危机仍然是有可能发生的，人们最初对宇宙缓慢走向热寂的恐惧有可能被夸大了，甚至可能是错误的。我已经详细介绍了超人类的活动，它们可以在逆境中实现不可思议的物质和精神目标。我还简要地研究了思想没有界限的可能性，即使宇宙有界限。

这些备选方案是否减轻了我们的不安呢？我的一个朋友曾经说过，相比于他所听说的天堂，他对这些方案都不太感兴趣。他觉得永远生活在一种崇高的平衡状态中完全没有吸引力。与其面对永恒生命的无聊，不如快点死去，终结一切。如果永生仅限于一次又一次地永远拥有相同的思想和经验，这确实看起来毫无意义。然而，如果永生与进步相结合，那么我们可以想象，未来人类会生活在一种充满新奇感的状态中，总是在学习或做一些新的、令人兴奋的事情。问题是，这是为什么呢？当人类为了某个目的开始一个项目时，他们心里就有一个特定的目标。如果目标没有实现，项目就失败了（尽管经验未必毫无价值）；如果目标实现了，就意味着项目成功了，活动就会停止。一个从未完成的项目会有真正的目标吗？如果存在一段没有终点的旅程，那么它还有意义吗？

如果宇宙拥有目标，并且已经实现了，那么宇宙就必须终结，因为它的持续存在将毫无理由，也毫无意义。反过来说，如果宇宙永远存在，我们很难想象宇宙会有什么终极目标。宇宙的灭亡可能是宇宙成功的代价。也许我们最希望的是，在宇宙的最后三分钟结束之前，我们的后代就已经得知了宇宙的目标。

未来，属于终身学习者

我这辈子遇到的聪明人（来自各行各业的聪明人）没有不每天阅读的——没有，一个都没有。巴菲特读书之多，我读书之多，可能会让你感到吃惊。孩子们都笑话我。他们觉得我是一本长了两条腿的书。

——查理·芒格

互联网改变了信息连接的方式；指数型技术在迅速颠覆着现有的商业世界；人工智能已经开始抢占人类的工作岗位……

未来，到底需要什么样的人才？

改变命运唯一的策略是你要变成终身学习者。未来世界将不再需要单一的技能型人才，而是需要具备完善的知识结构、极强逻辑思考力和高感知力的复合型人才。优秀的人往往通过阅读建立足够强大的抽象思维能力，获得异于众人的思考和整合能力。未来，将属于终身学习者！而阅读必定和终身学习形影不离。

很多人读书，追求的是干货，寻求的是立刻行之有效的解决方案。其实这是一种留在舒适区的阅读方法。在这个充满不确定性的年代，答案不会简单地出现在书里，因为生活根本就没有标准确切的答案，你也不能期望过去的经验能解决未来的问题。

湛庐阅读App：与最聪明的人共同进化

有人常常把成本支出的焦点放在书价上，把读完一本书当作阅读的终结。其实不然。

时间是读者付出的最大阅读成本
怎么读是读者面临的最大阅读障碍
"读书破万卷"不仅仅在"万"，更重要的是在"破"！

现在，我们构建了全新的"湛庐阅读"App。它将成为你"破万卷"的新居所。在这里：

- 不用考虑读什么，你可以便捷找到纸书、有声书和各种声音产品；
- 你可以学会怎么读，你将发现集泛读、通读、精读于一体的阅读解决方案；
- 你会与作者、译者、专家、推荐人和阅读教练相遇，他们是优质思想的发源地；
- 你会与优秀的读者和终身学习者为伍，他们对阅读和学习有着持久的热情和源源不绝的内驱力。

从单一到复合，从知道到精通，从理解到创造，湛庐希望建立一个"与最聪明的人共同进化"的社区，成为人类先进思想交汇的聚集地，与你共同迎接未来。

与此同时，我们希望能够重新定义你的学习场景，让你随时随地收获有内容、有价值的思想，通过阅读实现终身学习。这是我们的使命和价值。

湛庐阅读App玩转指南

湛庐阅读App结构图：

- 12+图书订阅服务
- 纸质书
- 有声书
- 电子书

读什么

湛庐阅读App

优秀的读者和终身学习者 — **与谁共读**

怎么读
- 泛读：一书一课
- 通读：通识课
- 精读：精读班

跟谁读 — 作者、译者、专家、推荐人和阅读教练

三步玩转湛庐阅读App：

读一读 ▼

湛庐纸书一站买，
全年好书打包订

书城

听一听 ▼

泛读、通读、精读，
选取适合你的阅读方式

精读班 **一书一课** **通识课**

扫一扫 ▼

买书、听书、讲书、
拆书服务，一键获取

扫一扫

App获取方式：
安卓用户前往各大应用市场、苹果用户前往App Store
直接下载"湛庐阅读"App，与最聪明的人共同进化！

使用App扫一扫功能，
遇见书里书外更大的世界!

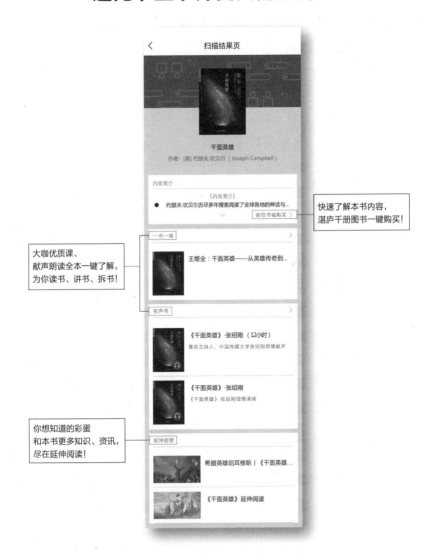

快速了解本书内容，
湛庐千册图书一键购买!

大咖优质课、
献声朗读全本一键了解，
为你读书、讲书、拆书!

你想知道的彩蛋
和本书更多知识、资讯，
尽在延伸阅读!

延伸阅读

《基因之河》

◎ 关于基因，没有人能比理查德·道金斯写得更好！《基因之河》是继《自私的基因》之后，理查德·道金斯的又一经典名作！生命的"复制炸弹"——基因从何而来？它又将走向何方？阅读本书，我们将通过一位热情、睿智、理性的科学家的视角直面基因的亘古谜题，获得对于生命的全新看法！

使用"湛庐阅读"App，
"扫一扫"获取本书更多精彩内容。
ISBN 978-7-213-09485-9

《人类的起源》

◎ 理查德·利基以直立人骨架"图尔卡纳男孩"这一20世纪古人类学最重要的发现为起点，清晰明了地勾画了人类进化的四大阶段：700万年前人科的起源；两足行走的猿类的"适应性辐射"；250万年前人属的起源；现代人的起源。除此之外，《人类的起源》还将带领我们利用有限的证据，提出种种出人意料的假说，推断人类的艺术、语言和心智起源之谜。

使用"湛庐阅读"App，
"扫一扫"获取本书更多精彩内容。
ISBN 978-7-213-09300-5

《如果，哥白尼错了》

◎《星期日泰晤士报》年度最佳科学图书，《出版商周刊》年度十大科学图书，爱德华·威尔逊科学写作奖获奖图书。

◎ 英国皇家学会前主席、皇家天文学家马丁·里斯，美国理论物理学家劳伦斯·克劳斯，著名科学记者李·比林斯等科学界大咖联袂推荐。

使用"湛庐阅读"App，
"扫一扫"获取本书更多精彩内容。
ISBN 978-7-213-09390-6

《人类为什么要探索太空》

◎ 英国著名天文学家、太空旅行专家克里斯·英庇颠覆式新作。本书讲述了人类从走出非洲到飞出地球的史诗般历程，揭示了冒险基因如何驱动人类的进化以及人类将来如何在地球之外的浩瀚宇宙中繁衍生息。

使用"湛庐阅读"App，
"扫一扫"获取本书更多精彩内容。
ISBN 978-7-213-09462-0